KB160475

직항은 없다

직항은 없다

바트 반 그늑튼 **지음**
김휘아 **번역**

인천에서 평양으로 떠난
네덜란드인 부자의 북한 여행

북한에 가는 관광객들이 지켜야 하는 8가지 규칙

1

북한 지도자와
지도자의 형상에
존경을 표해야 합니다.

신문/잡지에 실린 사진을 포함한 모든 지도자의
이미지와 조각에 적용됩니다. 또한 지도자들과 관련된
기념물이나 장소에서도 존중의 태도가 요구됩니다.

2

항상 일행과 동행합니다.
관광객은 북한인 가이드 없이는
호텔을 나갈 수 없습니다.

3

어떤 식으로도
종교적 자료를
배포할 수 없습니다.

4

군대와 공사 현장의 사진을
찍는 것이 금지됩니다.
또한 가이드가
사진을 찍지 말라고 하면
사진을 찍을 수 없습니다.

5

사진 및 동영상 촬영 시
지도자의 형상이
잘리게 나와서는 안됩니다.

6

북한의 역사 이야기에
의문을 제기할 수 없습니다.

7

외국인은 북한 원화를
사용할 수 없습니다.

단, 광복백화점에서는 예외.

8

아래의 금지 물품은
반입이 불가능합니다.★

- 북한 또는 남한의 상황에 대한 책
  (론리 플래닛 등 북한 여행 가이드 북 포함)
- 미국이나 남한의 국기가 그려진 옷
- 라디오
- 한국어로 쓰여 있거나 남한의 책 혹은 잡지/신문
- 성경 등 종교 서적
- 모든 종류의 포르노
- 북한 지도자에 관련된 모든 것
  (모든 전자기기에 북한 지도자와 관련된 이미지,
  음성 파일, 메시지 등이 남아있는지 확인하고 투어
  전에 제거하는 것을 권고합니다.)

★ 의외로 북한에 가져갈 수 있는 물건들: 휴대전화, 공책과 펜, 식품/간식/주류, 청바지/반바지/티셔츠,
  녹음기, E-book 리더, 태블릿, 컴퓨터, 노트북.

미국인과 한국인을 제외한 관광객들은 엄격한 통제와 철저한 사전 교육 후에 북한 속을 살며시 들여다볼 수 있다. 백 가지 질문을 품고 들어갔다가 천 가지 질문을 가지고 나오는 나라. 이런 여행을 통해 우리는 무엇을 얻을 수 있는가? 현실은 얼마나 비현실적이며, 남쪽 이웃과 비교했을 때 어떠할 것인가? 이 책에서 나는 당신을 북한으로 데려가 마치 그곳에 있는 것처럼 나의 북한 여행을 묘사해 볼 예정이다. 우선 내가 북한 여행을 가기로 결심한 2018년 한국의 겨울부터 이 이야기를 시작해 보려 한다.

2018년 남한의 겨울은 예년보다 훨씬 혹독했다. 평범한 나의 겨울 코트로는 이 추위를 더 이상 견뎌낼 수 없다는 결론을 내렸고, 크리스마스 직전, 드디어 자랑스러운 네이비 색 롱 패딩을 구매했다. 이 롱 패딩을 입으면 서울 거리에서 추위를 견뎌내는 한국인들과 나름 자연스럽게 섞일 수 있었다. 발목까지 오는 이 긴 패딩 재킷은 몇번의 겨울을 지나면서도 내내 한국에서 유행하고 있었는데 대부분의 한국인들은 검은색이나 흰색 패딩 재킷을 입었다. 솔직히 처음에는 이 유행에 동참하고 싶지 않았지만 결국 나의 고집은 매서운 한국의 추위에 굴복하고 말았다.

"역시 따뜻한 게 최고 아니겠어?"

남한의 겨울날 　　　　　　　　　　새로운 패딩 자켓

　　하지만 내 무릎 높이에 겨우 닿을락 말락 하는 롱 패딩 재킷을 보면 내 키가 197cm이고 나의 고국이 네덜란드라는 사실을 살며시 유추할 수 있을 것이다. 나는 카메라를 손에 들고 새 옷 티가 나는 롱 패딩을 입은 채 거리에서 브이로그Vlog 촬영을 시작했다.

　　두리번거리다가 긴장된 얼굴로 주머니에서 카메라를 꺼냈다. 다행히 주변에 아무도 보이지 않았다. 렌즈에 눈을 고정한 채 적절한 표정을 지어 보기도 하고, 어색하고 서투르게 카메라에게 말을 걸어봤다. 당시 누가 나를 봤다면 의심할 여지없이 그 신세대 유튜버 중 하나겠구나 하며 지나갔을 것이다. 길거리에서 카메라를 보고 주절거리다 보면 이런 사람들의 시선이 가장 큰 두려움이다. 하지만 난 전업 유튜버가 되기로 결심했기 때문에 이 두려움을 애써 극복해보려 마음을 다잡았다. 나의 유튜브 채널은 당시 구독자 수 1,000명을 앞두고 있었다. 유튜브 세계에서 구독자 1,000명은 아주 의미 있는 이정표이지만 이걸로 만족하고 싶지 않았다. 나는 더 많은 사람들에게 알려져 영감을 주는 유튜버가 되고 싶었다.

구독자 1,001명 이정표

나는 주로 다른 유튜버들로부터 아이디어와 영감을 얻었는데, 그 중 하나는 세계를 여행하며 자신의 브이로그에 모든 것을 기록하는 뉴질랜드 출신의 젊은 남자 '인디고 트레블러' 였다. 그가 말하는 방식, 묘사하는 방식, 경험하는 방식은 마치 나의 가장 이상적인 모습을 보여주는 거울 같았다. 그를 향한 약간의 질투와 배우고자 하는 강한 욕구가 맞물려 그의 수많은 영상들을 정주행 하곤 했는데, 그 중 내가 오랫동안 흥미를 갖고 있던 나라를 촬영한 시리즈를 보게 되었다. 바로 '북한' 시리즈였다.

이 신비로운 나라는 내가 지금 이 이야기를 쓰고 있는 곳에서 멀지 않은 곳에 있다. 이 나라는 정기적으로 뉴스에 등장해 세계를 새로운 분쟁으로 이끌겠다며 위협하기도 하고, 내가 살고 있는 서울을 겨냥한 수많은 미사일도 보유하고 있다. 이런 뉴스들에 가려 한반도의 참모습이 가려지는 것은 부지기수이다.

나는 오래전부터 북한에 대해 잘 알고 있었다. 이 북한에 대한 관심은 주로 나의 아버지로부터 왔다. 아버지께서는 냉전 시대에 동독과 소련을 방문하셨고 그에 대한 흥미로운 이야기를 많이 들려주셨다. 나는 어린 나이에도 그 이야기들이 참 매력적이라 생각했고 결국 나중에는 오롯이 나의 관심으로 네이메헌Nijmegen에 있는 라드바우드Radboud 대학교에서 인문지리학 석사과정을 공부했다. 주요 주제는 갈등, 영토, 정체성이었는데 연구를 시작하

직항은 없다

자마자 북한과 남한에 대한 내용이 자주 등장하며 북한에 대한 나의 관심에 더욱 기름을 부었다.

언제는 아버지와 베를린을 여행한 적이 있는데, 아버지께서는 세계 2차 대전이나 냉전 시대와 관련된 동독과 소련의 역사적인 장소들로 나를 데리고 갔다. 나는 아버지의 흥미진진한 설명과 모험 이야기를 들으며 감탄을 멈추지 못했는데, 그 중 철의 장막은 유럽이 둘로 갈라졌던 힘든 시기로, 아버지의 기억에 여전히 강하게 남아있었다. 이 때 아버지께서 무심코 내뱉은 그 말이 내 뇌리에 강하게 남았다.

"물리적인 유럽의 철의 장막은 사라졌지만, 한국은 그들의 철의 장막을 만들었구나. 기회가 된다면 소련이나 동베를린에 갔던 것처럼 북한도 방문해 보고 싶다."

그 외에도 스페인 남부 눈부신 햇살 아래에서 만난 한국인 박 씨와의 젊은 사랑이 이 한반도에 대한 관심을 더욱 증폭시켰으리라.

아무튼 '인디고 트래블러Indigo Traveller'가 올린 영상들을 보며 나는 이 '밀폐 왕국'*에서도 브이로그 촬영이 가능하다는 것을 알게 되었다. 마이클 페일린 또한 그의 여행 저널을 위해 조선민주주의인민공화국에 다녀오기도 하지 않았는가? 다만 마이클 페일린은 특별한 허가를 받는 기자였다. 아마 '북한 브이로그'는 정상급 운동 선수들에게만 허가된 새로운 도핑이기 때문에 아직 언론에 크게 노출되지 않은 것일지 모른다. 혹은 북한이 관광객들에게 자신들이 얼마나 개방적인지를 보여주고 싶은 것일까? 나는 작은 기회의 냄새를 맡고 메모에 옮겼다.

★ 'Hermit kingdom' : 마이클 페일린이 그의 저서 'North Korea Journal'(2019)에서 북한을 지칭하며 언급한 단어

구 소련을 방문한 아버지

직항은 없다

나는 계속해서 '인디고 트래블러'의 북한 시리즈를 시청하던 중 평양 공원에서 8살 전후로 보이는 북한 어린이 무리가 그에게 물총을 쏘며 다가오는 장면을 보게 되었다. 서로 장난치는 듯한 신체적 교류는 있었지만, 인디고 트레블러는 영어로 말했고 북한 아이들은 조선어로 말하고 있었기 때문에 뚜렷한 대화로 발전하지는 못했다.

소년 중 하나가 "미국 새끼야!"라고 외쳤다. 다른 아이들 중 한 명이 따라했다. "미국 새끼!" 꽤나 크고 거친 외침이었다.

인디고 트레블러는 아마 자신이 북한 어린이들과 즉흥적이고 '멋진' 교류를 나누고 있다고 생각한 것 같다. 나는 아이들이 말하는 것이 무슨 뜻인지 알고 있었기에 컴퓨터 스크린을 보다 웃음이 터져버렸다. '미국 새끼'는 미국인을 비하하는 욕이며 공원에서 우연히 만난 사람에게 하기 적절한 말은 아니지 않은가. 내가 그 상황에 있었더라면 어땠을까? 적어도 나는 그들이 무슨 말을 하는지 알아들었을 테니 상황을 더 잘 이해하지 않았을까? 이렇게 나는 천천히 나의 유튜브 채널에 올릴 시리즈를 상상하기 시작했다.

북한 시리즈 마지막 편에서 그는 닉 보너가 설립한 '고려 투어'에서 여행을 예약했다고 덧붙였다. 이 여행사는 무려 내가 1살 때인 1993년부터 한반도 북쪽 지역을 위한 여행 상품들을 기획해 왔고 오랜 시간 북한과 좋은 관계를 쌓아 왔다는 사실을 알게 되었다. 흥분한 상태로 '고려 투어'의 웹사이트를 뒤져보니 이미 다양한 북한 여행 상품이 제공되고 있었다.

'북한 여행이 진짜 가능하다고?'

하지만 나의 흥분 상태는 오래 가지 못했다. 한국에서 간신히 생계를 유지하고 있는 내게 여행 가격은 터무니없이 비싸게 다가왔다. 나는 일단 북한 여행에 대한 계획을 무기한 연장하고 간단한 브이로그나 만드는 것에 만족하기로 했다.

나는 여자친구^{현 아내} 휘아에게 실망한 기색을 역력히 표출했다. 휘아와 나는 당시 소위 '옥탑방'이라는 곳에서 함께 살고 있었는데 옥탑방은 예술가들과 음악가들이 선호하는 저렴한 대여 공간이자 항상 이웃들과 약간의 소란이 있는 곳이었다. 휘아는 실망한 나를 위로해 주기 위해 "일단 자자, 북한이 어디 가겠어."라며 나를 껴안았다. 나는 옷을 벗고 잘 준비를 했다. 한때 매트리스를 받치고 있던 나무 널빤지는 내 덤벙거리는 몸짓을 더 이상 견디지 못하고 운명해 버렸기 때문에 매트리스만이 바닥 위에 덩그러니 올려져 있었다. 따뜻한 보일러의 온기가 매트리스로 전해지니 이 추운 겨울 방에 나름 기분 좋은 변화를 준 거라 하자. 나는 잠시 고마운 눈으로 휘아를 바라보곤 잠에 들었다. 꿈에서라도 북한을 여행할 수 있기를 간절히 바라며….

옥탑방 안의 나

1 북한은 타국과의 교류에 제한이 있는 나라입니다. 북한을 여행하려면 특별한 절차를 거쳐야 합니다. 2023년 기준으로 대한민국 국민은 북한 방문 및 관광이 불가합니다.

2 저자는 북한에서의 독특한 경험을 바탕으로 책을 썼습니다. 5일 동안 관광객 신분으로 볼 수 있었던 북한의 모습을 담았습니다. 주의를 기울였으나 북한에 대한 평가나 해석 또한 개인차에 따라 민감하게 느껴질 수 있습니다.

베이징

3 북한은 외부에 정보를 제공하는 데 제한이 있습니다. 되도록 공식적인 정보를 참고하여 기반으로 삼았으나 과장되어 서술하거나 실제와 다를 가능성이 있습니다. 또한 이 책에서 소개하는 정보는 현재와 달라질 수 있습니다. 따라서 여행 정보를 찾는 독자들에게는 적합하지 않을 수 있습니다.

4 북한의 법은 엄격하며 외국인에게도 동일하게 적용됩니다. 따라서 현지에서는 북한인 가이드의 안내를 준수하는 것이 중요합니다. 이 책에 실린 사진은 허락된 상황에서 촬영된 점을 밝힙니다.

5 북한은 정치, 사회, 문화적으로 독특한 경험을 할 수 있는 나라입니다. 이러한 특성으로 인해 북한 여행자들마다 경험한 것과 만족도는 다를 수 있으며 이에 대한 고려와 존중이 필요합니다.

Democratic People's Republic Of Korea

Travel Route

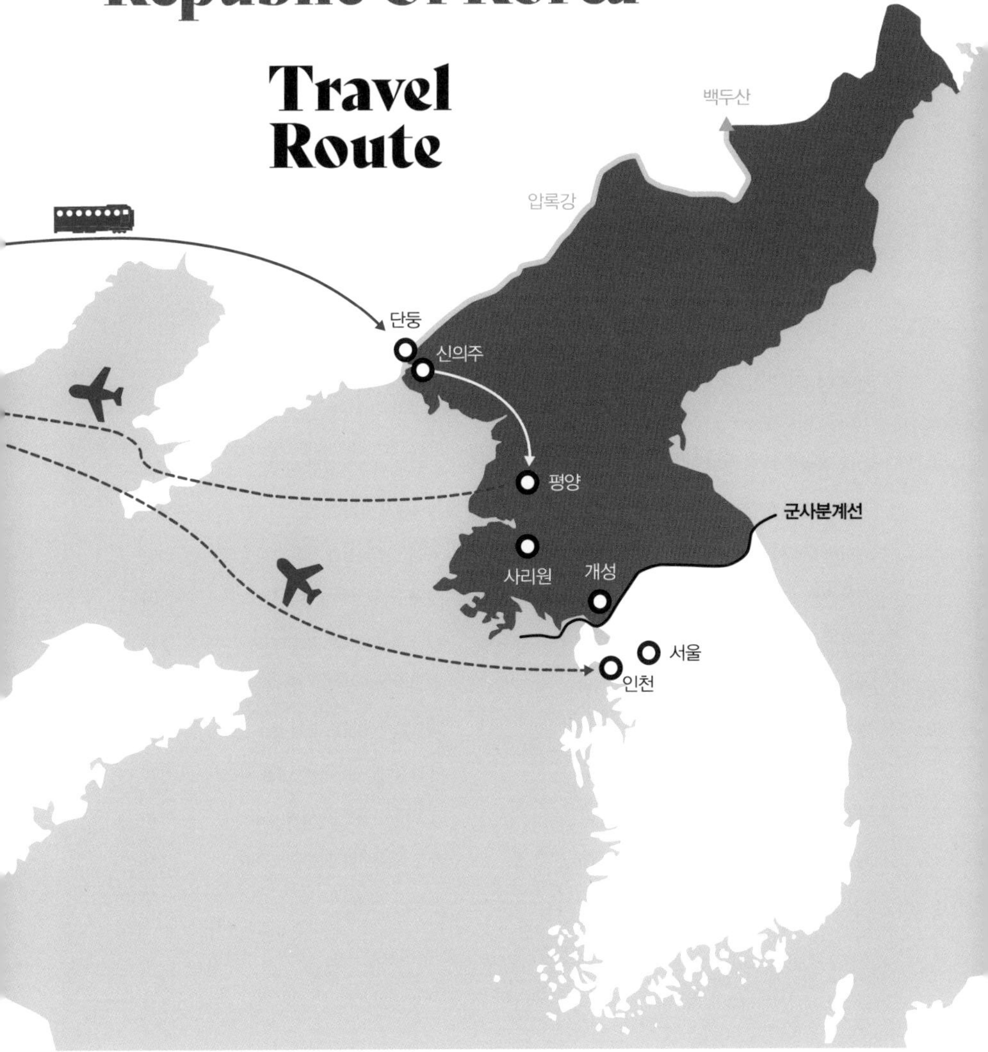

백두산

압록강

단둥

신의주

평양

사리원   개성

군사분계선

서울

인천

CONTENTS

PART 1 아버지, 북한 가실래요?

PART 2 돌고 돌아 드디어 평양

아버지, 북한 가실래요?

그래, 북한에 가는 거야!

　새벽 3시 갑자기 나의 핸드폰이 울렸다. 휘아는 빈 오일탱크 안에 날뛰는 전동 드릴 같은 핸드폰 진동 소리도 참 잘 무시하며 다시 잠에 들었다. "누가 이 시간에 전화를 하지?"라고 생각하며 핸드폰을 봤는데 네덜란드에서 아버지가 건 왓츠앱WhatsApp 보이스 콜이었다.

　'아버지라면 분명 시차를 알고 있을 텐데.'라는 생각에 무시할까 하다가 반쯤 짜증이 섞인 푹 잠긴 목소리로 전화를 받았다.

　"무슨 일이야?"

　"바트, 네 삼촌 버티가 세상을 떠났어."

　아직 수면모드에서 벗어나고 있는 중이었는지 아버지의 말이 바로 머릿속에 들어오지 않았다.

　"폐렴과 심장 질환이 동시에 와서 버티가 죽었어."

　몇 초간의 침묵이 이어졌다.

　"장난치는 거지?" 나의 첫번째 반응이었다.

　버티의 사망 소식은 충격적이었다. 심장이 미묘하게 빠른 박자로 뛰기 시작했다. 나는 이 다음 침묵을 채울 수 있는 말을 떠올리기 위해 애썼다. 불과 3주 전 나의 고향 그라베Grave에서 열렸던 아버지의 생신 파티가 생각났다. 나는 버티와 함께 차가운 하이네켄 맥주를 마시며 즐거운 시간을 보냈고 당시 그는 무척이나 건강한 모습이었다. 나의 아버지는 65세의 차분하고 지적인 분으로 버티 삼촌과 몇 살 차이 나지 않는다.

전화기로는 아버지의 감정이 어떨지 가늠하기 어려웠지만 나중에 어머니께 물어봤더니 당시 매우 힘들어하셨다고 한다. 난 종종 아버지의 감정을 알아내기 위해 어머니께 물어보는 방식을 이용한다.

나는 일단 아버지를 위로해 드리고 휘아를 깨워 소식을 전했다.

"휘아! 빨리! 이제 곧 시작해."

이 대사만 들으면 영화관에 늦어서 서두르는 상황 같지만 현실의 우리는 옥탑방 책상 앞에서 노트북을 보고 있었다. 팝콘은 없었고 이번만큼은 제발 인터넷이 말썽이지 않길 간절히 바라고 있었다. 버티 삼촌의 장례식이 곧 시작하기 때문이다. 우리는 라이브 영상으로 가족들이 하나둘씩 장례식장으로 들어오는 것을 관찰했다. 픽셀은 워낙 뭉개져서 누가 어디에 앉아 있는지 겨우 알아볼 수 있을 정도였다. 나는 관 장식이 어떤 식으로 꾸며졌는지 주의 깊게 살폈다. 전적으로 버티의 취향이었다.

노트북 스피커를 통해 나오는 소리는 말도 안되게 작았다. 버티의 아들 제로엔이 앞에 나와 무언가를 말하는 것 같았지만 전혀 알아들을 수 없었다. 마치 우리가 몰래 카메라를 통해 장례식이 잘 진행되는지 지켜보고 있는 비밀요원인 것 같은 착각까지 들었다. 예식은 버티가 집에서 쓰는 물건들을 만들 때 듣던 신나는 음악으로 시작했다. 확실하지 않지만 그 노래는 'Creedence Clearwater Revival'의 〈Have you ever seen the rain?〉이었던 것 같다. 나는 감정이 격해지며 목이 메었다. 옥탑방 안 휘아와 나 사이는 너무

나도 조용해져 제로엔이 무슨 말을 하는지 들릴 정도였다.

이유는 모르겠지만 자꾸 '아버지께 무슨 일이 생기면 어떡하지?'라는 잘못된 생각이 머릿속을 떠나지 않았다. 나는 먼 한국에 있고 시간은 계속 흐른다. 아버지가 다시 젊어지는 일은 없을 것이다. 나는 휘아와 상의한 후, 아버지와 특별한 것을 함께 하고 싶다는 결론을 내렸다. 아빠와 아들의 시간. 인생의 모든 것이 그렇듯이, 이 또한 지금 갖지 않으면 나중에 나이가 들었을 때 후회할 것이다. 하지만 아버지와 어떤 추억을 남기면 좋을까?

휘아가 돌연 북한을 제안했다.

"지금 네가 시간이 여유롭기도 하고, 너랑 아버지는 지난 몇 달 동안 북한에 대해 계속 이야기했잖아…."

아침에 왓츠앱을 켜면 아버지가 보낸 네덜란드 신문기사들이 와 있었다. 김정은 어쩌구…, 김정은 저쩌구…, 모두 북한 관련된 새로운 소식들이었다. 나는 항상 이 신문기사들을 꼼꼼히 읽으며 북쪽의 새로운 정보를 업데이트하곤 했다. 휘아가 맞았다. 내가 지금 이 여행을 하지 않으면 나중에 후회할 것만 같았다. 또 아버지도 나와 같은 마음일 것이다. 그때를 돌이켜 생각해보면 휘아는 자기가 자신의 남자친구를 어떤 나라에 보내려 하는지 제대로 인지하지 못한 게 아닌가 싶다. 그 선택이 옳든 그르든 자신이 사랑하는 사람을 보내고 싶은 나라는 아니지 않는가? 아무튼 돈은 문제가 되지 않았다. 부모님께 빌릴 수 있었다. 시간? 넘쳐 나는 게 시간이다. 나는 휘아와 소주잔을 청량하게 부딪치고는 핸드폰을 들었다.

"아빠! 잘 들어봐… 우리 여길 가는 거야…."

직항은 없다

본격 북한 여행 준비

　나와 아버지는 '새해 맞이 투어'에 가기로 마음을 굳혔다. 2018년에 시작해 2019년에 끝나는 6일짜리 일정에 전례 없는 엄청난 새해 맞이 콘서트를 볼 수 있는 투어 상품이었다. 나는 한국에서, 아버지는 네덜란드에서, 각자 여행을 준비했다. 내가 지금껏 다녀본 여행과는 다르게 이 여행은 유독 정신적으로 더 많은 준비가 필요했다. 무지에서 오는 약간의 두려움과 기분 좋은 아드레날린이 함께 분출되는 것이 느껴졌다. 이 여행을 예약한 우리에게 고려투어는 '북한 여행 안내사항'이라는 제목의 디지털 책자를 보내주었다. 우리가 가기로 한 투어가 결코 '평범한 여행'은 아니라는 것을 확인시켜 주려는 듯 첫 페이지에는 이런 문구가 쓰여 있었다.

"범죄로 여겨지는 것에 대한 처벌은 불균형하고 극도로 가혹할 것입니다.
절대로 머릿속에서 지워지거나 경시되어서는 안됩니다.
하지만 여러분이 이 나라의 법과 규칙을 잘 따른다면,
어떠한 처벌이나 문제에 직면하지 않을 것입니다."

북한 여행 안내 책자.

"구체적으로 어떤 부분이 위험하다는 거지?"
생각이 입 밖으로 몇 번이나 튀어나왔다. 친구, 가족, 지인들은 사전정보가 전혀 없는 이 여행에서 혹여나 위험한 일이 생길까 하는 걱정으로 옆에서 잔소리를 해댔다.

"오토 웜비어★처럼 되지 않도록 조심해."

"뭐가 널 기다리고 있을지 몰라."

다들 내게 이 말을 반복했다. 조심하라는 동정 어린 경고인지, 내가 사형 집행 영장에 동의 서명한 걸 재차 확인시켜주려는 건지 구분이 안 될 정도 였다.

반면에 응원의 목소리도 있었다. 특히 어머니와 휘아가 힘을 북돋아 주 었다. 그 중 오히려 한국인들의 반응이 가장 신기했다. 대부분 외국인이 북 한 여행을 갈 수 있다는 사실을 몰랐던 눈치였다. 전 세계에서 오직 한국인 과 미국인만이 북한 여행 입장권을 얻지 못한다. 북한과 지리적으로 가까운 곳에 있는 한국 사람들이라면 당연히 이 사실을 알고 있을 거라 생각했지만 한편으로는 또 모르는 게 놀랍지는 않았다. 저 국경의 존재만으로 북한과의 거리감은 훨씬 거대하게 체감되기 때문이다.

나는 '그 국경'에 여러 번 가봤다. 복잡한 국경 상황의 심각성에도 불구 하고, 알차게 구성된 DMZ 투어는 마치 기념품 가게와 음식점이 잘 꾸려진 군영지를 피크닉하는 것 같은 기분을 준다. 그러나 많은 관광객들이 셀카를 찍고 간 그 판문점에서 2017년 북한군 탈주 사건이 일어난 순간을 떠올리 면 다시 등골이 서늘해진다. 마치 제임스 본드 초기 영화 중 한 장면 같았던 그 탈출 장면이 아직도 머릿속에 아른거린다.

★ 오토 웜비어(Otto Frederick Warmbier)의 이야기는 복잡하고 정치적인 것으로, 출처에 따라 각기 다른 방식 으로 설명되어 있으니 독자적인 연구를 하는 것을 추천한다. 새로운 정보가 포함된 새 기사가 정기적으로 올라오고 있다.

직항은 없다

내가 한국에 온 지 몇 달 안 되었을 무렵, 나는 2009년에 북한을 탈출한 탈북자와 친구가 되었다. 이 탈북자와의 우정은 꽤나 뜻밖이었다. 시작은 우연히 탈북자들에게 영어를 가르쳐줄 자원봉사자를 모집하는 광고를 보게 된 것이었다. 북한에 대한 나의 관심과 봉사활동을 동시에 충족시킬 수 있는 기회라고 생각한 나는 망설임 없이 지원했고 곧 나와 그녀가 매칭되었다. 우리는 합정의 수많은 프랜차이즈 커피숍들 중 하나에서 만나기로 했다. 나는 그녀의 영어 수준을 평가한 후 앞으로의 수업 계획을 세우려 했지만, 만난 지 얼마 지나지 않아 우린 그냥 편한 친구처럼 수다를 떨고 있었다. 물론 나, 그녀, 그리고 번역 앱 파파고가 함께한 자리였다.

2015년 북한 국경 DMZ에 방문한 나

북한 국경에 서 있는 남한 군인. 턱을 넘으면 북한이다.

그녀와 정기적으로 만나면서 나는 그녀를 더 잘 알게 되었다. 그녀는 항상 배우고 싶은 영어 단어들이 적힌 작은 책을 들고 왔고 우리는 그 단어를 사용해 각자의 나라에 있는 것들을 묘사하는 문장을 만들었다. 네덜란드와 북한에 대해 많은 것을 배울 수 있는 최고의 영어공부 방법이었다.

하루는 'Pet 반려동물'이라는 단어를 갖고 문장을 만들었다. 나는 "We had a long-haired German Shepherd as a pet at home."우리는 집에서 털이 긴 독일 셰퍼드를 반려동물로 키웠어요.라는 문장으로 시작했다.

"오, 우리 가족도 내가 살았던 청진시에서 개를 키웠어. 정말 정이 많이 들었는데… 그 개는 정말 사랑스러웠어."

그녀가 말했다. 나는 그녀에게 그 개가 몇 살이었는지 물었고 그녀는 이렇게 대답했다.

"그 개는 오래 살지 못 했어. 안타깝게도 우리는 배고픔 때문에 그 개를 먹어버려야 했거든."

어느 날 나는 그녀에게 북한 여행에 대한 계획을 말했다. 솔직히 최악의 반응이 나올 거라 예상했지만 그녀의 반응은 다른 방향으로 놀라웠다. 내가 말을 꺼내자 마자 그녀의 눈동자는 순식간에 향수에 젖었다. 자신이 탈출한, 그러나 가족을 남겨두고 왔기에 너무도 그리운 자신의 고향, 그 나라에 내가 들어갈 수 있다는 것을 믿을 수 없다는 반응이었다.

마지막 수업 날, 우리는 영어 공부는 접어두고 나의 북한 여행을 함께 준비하기로 했다. 나는 그녀에게 내 여행 일정을 보여주며 그리운 북한 제품이 있으면 말해달라고 했다. 남한에는 그녀의 어린 시절과 고향을 떠올리게 할 만한 물건이 많이 없기 때문이었다. 그녀는 기억 저편에 남아있던 자신이 소중하게 여기던 물건들을 내게 말해줬다. 전통 연필 한 자루, 전통 의상을 입은 작은 인형, 북한 화장품, 그리고 과자들… 나는 갑자기 내가 이중 미션을 받은 스파이가 된 기분이었다. 미션은 바로…

'북한에서 탈북자 친구를 위한 선물 사기'.

내가 북한에 있는 상점에서 이런 질문을 한다고 상상해 봤다.

"아주머니, 제가 서울에 있는 탈북자 친구에게 줄 화장품을 사려고 하는데요…."

출발하기 며칠 전, 나는 한국에서 네 번째로 큰 섬인 강화도의 강화 평화 전망대에서 마지막 브이로그를 촬영하기로 결심했다. 이 브이로그를 통해 구독자들에게 북한 여행에 대해 공지하고 나 또한 마음의 준비를 할 생각이었다. 이 전망대는 2008년부터 시민에게 개방되었고, 대낮에는 강 너머 2.3km 떨어진 북한이 선명하게 보인다. 이곳에서 북한을 바라보면 수영해서 북한에 들어갈 수 있을 것 같은 로맨틱한 인상을 받는데, 육지의 살벌한 국경을 생각하면 터무니없는 환상이다.

그 날 하늘은 맑고 푸르러서 나무 한 그루 없는 북한의 평야를 멀리 바라볼 수 있었다. 도착하자마자 북한을 더 자세히 볼 수 있는 강력한 망원경부터 찾았다. 등을 구부려 가늘게 뜬 눈을 렌즈에 갖다 대니 철조망과 포병대 너머로 북한 개풍도 해안이 가득 들어왔다. 우아하면서도 우울한 느낌을 주는 한국 전통 기와집 몇 채와 마을을 오가는 북한 사람들도 보였다.

소 한 마리를 끌며 두 농경지 사이를 걷는 북한 주민에게 시선이 닿았다. 정체 불명의 짐을 실은 채 자전거를 타고 가는 또 다른 무리는 금세 건물 뒤

강화 평화 전망대. 강 건너편에 북한이 있다.

로 사라졌다. 특별할 것이 없는 풍경이었다. 그들이 다른 지역으로 이동할 자유가 거의 없다는 사실을 잊고 본다면 말이다. 이 풍경을 보고 있는 나는 몇 시간 후, 대중교통을 타고 집으로 가서 과열된 교육 환경과 같은 상류층 문제를 다루는 한국 드라마 〈스카이 캐슬〉을 볼 거라는 사실을 잊고 본다면 말이다.

한 무리의 아이들과 그들의 어머니들을 지켜보다 보니 괜 시리 마음이 불편해졌다. 문득 《론리 플래닛》여행 가이드 북에서 이 전망대를 리뷰한 것이 생각났다.

직항은 없다

마치 굳게 닫힌 우리 너머로 희귀한 인간 종을 보는 것 같은 기분이었다. 우리 모두 프라이버시가 중요한 나라에서 왔지만 500원에 잠시 우리의 원칙을 내려놓는다. 맞다. 나도 다를 것 없다. 집으로 돌아오는 길에 그 아이들이 계속 머릿속에 맴돌았다. 저쪽 사람들도 우리가 그들을 보고 있다는 사실을 알까?

내가 북한에 간 2018년도 북한과 남한 사이에는 새로운 국면이 진행되고 있었다. 김정은은 미국과 남한과의 '개선된' 관계를 위한 매력 공세를 퍼붓고 있었고, 2017년 트럼프가 김정은을 지칭하며 한 '리틀 로켓 맨'★★이라는 위협적인 단어는 달콤한 칭찬과 함박웃음으로 대체되고 있었다. 나는 아직도 그 해 4월의 역사적인 날 뉴스의 장면을 기억한다. 김정은과 문재인이 DMZ에서 서로를 보며 활짝 웃고 있는 그 장면이었다. 힘찬 악수 뒤에 문 대통령은 김 위원장에게 국경을 넘어오라고 초청했고, 문 대통령 또한 국경을 넘어 북한으로 걸어갔다. 북한 지도자가 남한에 입국한 것은 한국 전쟁 이후 이 사건이 처음이었다. 나도 그 뉴스를 보고 다른 사람들처럼 '아주 조금' 희망을 가졌다. 여기서 '아주 조금'을 강조하는 이유는 북한과의 관계는 언제나 하룻밤 사이에 완전히 바뀔 수 있기 때문이다.

★ "Ganghwa Peace Observatory", 론리 플래닛 홈페이지(www.lonelyplanet.com), 2023.

★★ 2017년 금요일 밤 미국 앨라배마주 헌츠빌에서 열린 집회에서 도널드 트럼프가 김정은을 비하하며 '작은 로켓 맨(Little Rocket Man)'과 '미치광이(lunatic)'라는 표현을 언급했다.

북한에 가기 전 날 밤, 나는 갑자기 내 휴대폰이 걱정이 되기 시작했다. 나와 친구들은 주기적으로 북한 지도자에 대한 웃긴 밈meme이 담긴 메세지를 주고받기 때문이었다. 나는 약간의 피해망상에 사로잡혔다.

"만약…."

나는 휘아에게 그들이 내 휴대폰을 검사하면 어떡하냐고 물었다. 혹여나 그들이 내 휴대폰에서 '북한에서 불법적인' 것들을 발견해 '북한에서 적절한' 처벌을 내게 내리면 어떡하지? 내가 남한에 사는 것을 문제 삼으면 어떡하지? 이전에 미국에 방문한 적이 있다는 것을 여권을 통해 발견하면 어떡하지? 내게 탈북자 친구들이 있다는 사실을 알고 있으면 어떡하지? 나는 혹시 모를 상황을 대비해 메신저 앱과 SNS를 대부분 지우고 민감할 수 있는 사진들을 전부 컴퓨터로 옮겼다. 약간의 안도감이 찾아왔다. 진정하고 나니 매년 이 나라를 방문하는 관광객이 수천 명도 넘는다는 사실이 머리를 스쳤다. 아마 나의 피해망상이 조금 지나쳤을 지도 모른다.

그러나 아무리 조심해도 충분하지 않지 않는가? 여행지가 '북한'이라면 말이다.

베이징에서 만난 아버지

　휘아와 나는 인천공항에 도착해 우리가 가장 좋아하는 음식인 짜장면을 먹었다. 휘아와 함께하는 2018년도의 마지막 식사였다. 우리는 그 어느 때보다도 유달랐던 작별 인사를 나눴다. 휘아는 웃으면서 아버지와 좋은 시간을 보내라고 말했지만 나는 그녀의 눈빛에서 걱정을 읽을 수 있었다.

　이론상으로 서울에서 몇 시간이면 북한의 수도 평양에 도착할 수 있지만 현실은 다르다. 서울에서 평양으로 향하는 직통 비행기, 기차, 버스 혹은 어떠한 교통 수단도 존재하지 않기 때문에 이 여정은 고려투어 사무실로 향하는 베이징 행 비행기로부터 시작한다. 마지막 남은 인터넷을 사용해 요즘 네덜란드에서 유행하는 노래를 들으려 했지만 이내 인터넷 연결은 사라졌고 나는 잠에 들었다. 눈을 떠 보니 벌써 베이징 공항이었다.

　문제없이 입국 심사대를 통과한 뒤 짐을 기다리는데 나의 캐리어가 아무리 기다려도 나오지 않았다. 예전에 베이징에서 짐이 누락되었던 안 좋은 기억이 스멀스멀 떠올랐다. 짐 찾는 곳에는 베이징에 도착한 모든 승객들이 볼 수 있는 자리에 딕 부르나의 미피가 서 있었다.

베이징 공항의 미피

뻔한 네덜란드의 토끼들이지만 이 먼 타국에서 만나니 괜스레 반가워지려는 참에 저 멀리 나의 캐리어가 모습을 드러냈다. 이번에는 다행히 짐과 함께 도착장으로 나갈 수 있겠다.

베이징의 공항은 수백만 명이 사는 대도시치고는 이상할 정도로 조용했다. 새벽 1시여서 애매하게 호텔에서 묵을 바에 그냥 도착장에 있는 벤치에서 자기로 했다. 돈을 아끼고 첫 지하철을 타고 아버지가 머물고 있는 건물로 갈 생각이었다. 하지만 얼마 지나지 않아 여기서 잠을 청한다는 생각이 말도 안 된다는 것을 깨달았다. 왜 이 상냥한 디자이너들은 멋들어진 의자 중앙에 꼭 반 정도 튀어나온 팔걸이를 만든 것일까?

베이징 공항의 도착장

직항은 없다

외과의사의 정밀함과 고난도의 요가 실력을 갖춰야지만 누워서 숙면을 취하는 것이 가능해 보였다. 나는 최대한 편한 자세로 앉아 얕게나마 휴식을 취하려고 애썼다.

아침이 되자 나는 지하철을 타고 베이징 중심가로 갔다. 해가 천천히 떠오르는 이른 아침이었다. 느리게 떠오르는 태양과 대조적으로 도로는 빠르게 전기차, 자전거, 전기 자전거, 스쿠터, 툭툭 세발자전거, 꽉 찬 트롤리 버스 등으로 채워져 갔다. 지하철 밖에는 넓은 도로와 높은 사무실 건물이 늘어서 있었고 도로 한 가운데는 사람들이 도로를 넘지 못하도록 철 울타리로 가로막아 두었다. 나는 횡단보도의 빨간 신호 앞에서 혼돈에 빠진 교통을 감상했다. 신호등이 녹색으로 바뀌어서 횡단보도를 건너려는데 보행자 초록불은 안중에도 없다는 듯 차 한 대가 빠르게 지나갔다. 아니 한 대가 아니라 여러 대였다. 여행을 하다 보면 교통 상황이 각 나라마다 '다르다'는 것에 놀란다.

네덜란드에서는 보행자가 우선적으로 보호받는다. 보행자들은 횡단보도 위를 걱정 없이 건널 수 있고, 차들은 무조건 보행자가 건널 때까지 기다린다. 반면에 한국에서는, 차들이 살짝 더 우위를 차지한 듯해서 보행자들은 횡단보도를 건널 때 주의를 기울여야 한다. 흰색 줄무늬는 우선순위와 규칙을 위해 존재하기보다는 거리 예술에 더 가깝다. 또 모든 배달 오토바이들은 온갖 신호와 보행자를 무시하며 앞과 뒤로 무법 질주한다. 이런 차이점을 마주하는 건 항상 새롭고 한편으로 재미있다. 이곳 베이징에서도 마찬가지였다.

베이징의 혼돈의 교통 상황

　얼음처럼 차가운 공기 때문에 아버지를 찾는 것이
어려웠다. 브이로그를 찍으려 해도 날카로운 바람이 장
갑과 모자 속으로 들어와 카메라의 버튼을 조작하기가
힘들었다. 나는 중국에서 인터넷을 사용할 수 없을 것
이라 생각해 미리 저장한 스크린샷 몇 장에 의지해 길
을 찾고 있었다. 지도상으로는 분명 가기 쉽고 가까울
것이라 생각했는데 실제로는 훨씬 더 험난한 여정이었
다. 진짜 여행의 시작이었다. 전통과 현대가 공존하는
베이징 풍경이 내게는 평양으로 가기 전 자유롭게 돌아
다닐 수 있는 최후의 관문처럼 다가왔다. 내가 압록강을
건너 북한에 들어가는 순간 이 자유는 사라질 것이다.
매연이 뒤덮은 베이징 하늘에 푸른 하늘이 빼꼼 비쳤다.

　　　　　　　　　　　　　　　　　　　직항은 없다

좋은 징조였던 걸까? 하늘이 맑아지자마자 길 모퉁이에서 반가운 얼굴이 보였다. 아버지였다.

북한 투어 브리핑

아버지와의 극적인 부자 상봉을 마치고 함께 고려투어 사무실로 향했다. 이곳에서 북한 여행을 위한 투어 브리핑을 듣게 될 것이다.

나의 아버지는 보통 침착하고 여유로운 분이지만 베이징에서 만난 아버지는 왠지 긴장한 듯했다. 북한에 가기로 한 결정을 후회하고 계시는 걸까? '북한 여행 안내 책자'에 쓰인 엄격한 문구들이 신경 쓰이시는 걸까? 그저 고국에서 멀리 떨어진 곳에 오니 왠지 불편한 기분이 든 것일 수도 있겠다. 이유가 뭐든 아버지의 기분을 풀어드리고 싶었지만 나 또한 이 여행과 우리의 대화를 촬영하느라 정신이 없었다. 오히려 아버지의 초조함이 내게도 전염되기 시작했다. 투어 브리핑이 끝나면 이 기분이 조금은 가라앉길 바랄 뿐이었다.

고려투어 사무실은 중간 높이의 붉은색 빌라가 모여 있는 주택가에 자리했는데 여러 다큐멘터리에서 본 적이 있어서 낯설지 않았다. 아담해 보이는 사무실은 평범한 주택가 사이에 자연스럽게 스며들어 있었고, 붉은 벽돌과 엔틱한 건물 외벽은 위장 효과를 더했다. 산더미처럼 쌓여 있는 자전거들 뒤에, 전통 한복을 입은 여성과 'KORYO'라고 쓰여 있는 간판이 눈에 확 뛰었다. 몇몇 유명 언론인들 또한 이 사무실을 거쳐 북한에 간 것이 생각나 괜히 가슴이 두근거렸다.

고려 투어 사무실 건물

    사무실에 들어가니 도착한 손님은 우리뿐이었다. 우리는 여유롭게 사무실에 걸려있는 화려한 사회주의 스타일의 그림들을 감상하기로 했다. 벽에는 '순수한' 선전 그림들이 걸려있었고, 바닥에는 의자들이 쌓여 있었다. 그림을 감상하다가 아주 충격적인 그림도 발견했다. 미국 군인과 일본인이 북한 신발에 납작하게 깔려 있는 그림이었다. 또 어떤 그림에서는 일본인과 미국 군인들이 커다란 방망이로 구타당하고 있었다.

    "이런 종류의 선전물은 요즘 평양 거리에서 찾아보기 어렵습니다."

    고려 투어 직원이 말했다. 그는 북한 정부가 최근 반미 선전물을 대부분 없애고 '동지애'를 강조하는 슬로건으로 대체했다고 덧붙였다. 북한을 방문하기에 가장 적절한 시기라는 나의 생각이 다시 한번 맞아 떨어졌다. 이 북

고려 투어 사무실 내부

한 회화 컬렉션은 대부분 구매도 가능해서 나와 아버지도 한 점 사고 싶었지만 일단은 참기로 했다.

시선을 사로잡는 북한 예술 컬렉션을 감상하다 보니 어느새 투어 브리핑 시간이 다 되었다. 곧, 여행을 함께할 새로운 일행 한 명이 도착했는데 이 세 명이 전부인듯 보였다. 북한에 들어가는 루트로 비행기 대신 기차를 선택한 그룹이었다.

직항은 없다

북한으로 들어가는 방법은 기차와 고려항공 두 가지가 있었고 우리는 기차를 선택했다. 기차로 가면 시골 풍경을 훨씬 더 많이 볼 수 있을 거라 생각했기 때문이었고, 실제로도 그랬다. 그러나 다양한 국적으로 이루어진 20명의 일행 중 셋을 제외한 나머지는 고려항공 비행기를 타는 방식을 선택했다. 그렇게 나와 아버지, 런던에서 온 다른 영국인 일행, 고려 투어 가이드만이 오붓하게 기차를 타고 가게 되었다.

사전 브리핑에서 우리가 하면 안 되는 것들을 알려주는 가벼운 프레젠테이션이 진행됐다. 우리는 열심히 귀를 기울였다. 이 모든 규칙들 때문인지 우리 얼굴에는 다시금 긴장감이 감돌았다. 그 중 아마 가장 중요할지도 모르는 규칙은 북한 체제에 대해 지적하거나, 농담하거나, 비판적인 언급을 하지 않는 것이었다. 특히 그들의 지도자인 김일성, 김정일, 김정은에 대해서 말이다. 또 군인과 전략적 시설, 공사중인 건물을 찍는 것도 금지되었다.

예상했듯이 자유는 미미했다. 평양에 도착한 순간부터는, 북한인 가이드들이 붙어 일행이 시야 밖으로 사라지지 않도록 감시를 멈추지 않을 것이라고 했다. 브이로그를 촬영해도 되는지 물어봤더니, '예스 앤 노'라는 답을 받았다. 유튜브는 아직 회색 영역인 것 같았다.

브리핑이 끝난 후 우리는 사진이 붙어있는 책자 형식의 종이 카드를 받는데 바로 북한에 들어가기 위해 필요한 북한 비자였다. 이 책자에는 우리의 정보가 한국어로 적혀 있었다. 재밌는 건 내가 나온 대학교인 '라드보우드종합대학'라는 한국어로 표기되었고, 이어서 '사회학자'사회주의자'와 혼동하지 마시라'라고 적혀 있었다는 것이다. 이처럼 다양한 나라들의 여권은 각자 독특한 특징을 갖고 있다. 네덜란드 여권에 신장이 적혀 있는 것을 보고 한국인들이 신기해 하는 것처럼 말이다.

내 실제 여권에 북한 입국 도장이 찍히지 않을 거라는 것이 조금 아쉬웠다. 이 종이가 내가 북한에 방문했다는 유일한 증거가 될 것이다.

북한 비자

직항은 없다

굿바이 베이징

우린 사무실에서 나와 아스팔트 위로 캐리어를 끌며 오래된 성벽 안에 당당히 서 있는 베이징 기차역으로 향했다. 기차역은 중국의 전통 건축 양식과 사회주의 건축 양식이 두드러지게 혼합되어 있었다. 무더기의 사람들이 꾸역꾸역 서로를 밀치며 역 앞의 금속 탐지기를 지나갔고 우리 또한 이곳에서 기차표를 검사했다. 아버지는 이 모든 과정을 즐거워하셨다.

"중국은 그 자체로 경험이다."

아버지가 말했고, 나도 전적으로 동의했다.

나와 아버지는 마음이 편해졌다. 스펙타클한 여행임은 틀림없지만, 규칙만 잘 따른다면 걱정할 것 없다고 재차 강조 받았기 때문이다. 또한 이 혼돈의 베이징 역 속에서 우리를 기차에 태우는 것은 이제 가이드의 몫이니 이동에 대한 걱정 또한 사라졌다.

아버지는 나보다 더 많이 베이징을 방문하셨고 여전히 많은 장소를 기억하고 계셨다. 중국의 역사는 항상 아버지를 매료시켰기 때문에 자연스럽게 북한에 대한 관심으로 확대되었음이라. 하지만 어머니는 아버지와는 다르게 잉글랜드, 프랑스, 아이슬란드와 같은 주변 나라들에 더 관심이 있었다. 물론, 내가 한국에 살게 되면서 한국에 무척이나 관심이 많아졌다는 것은 다른 이야기이다. 아무튼 이러한 이유로 아버지에게 중국 같은 나라들을 어머니와 여행하는 것은 약간 고역이었을 것이다. 나와 아버지는 입 밖으로 내뱉지는 않았지만 이 여행이 부자간의 유대를 형성하는 데 좋은 기회라고 생각하고 있었다. 28년이 지나서야 부자의 이 독특한 관심을 충족시켜줄 여행을 떠나게 됐다니….

베이징 역

직항은 없다

베이징 역 안에 들어서자, 모든 것이 대칭적인 커다란 메인 홀이 압도했다. 좌우에 에스컬레이터가 2층으로 오르내리고 그 사이에 커다란 전광판이 눈에 들어왔다. 그 전광판에는 우리가 탈 첫번째 기차 편이 표시되어 있었을 테지만 중국어로 쓰여 있어 읽을 수는 없었다.

우리는 이곳에서 첫번째 기차 편을 타고 중국 국경 마을인 단둥으로 간 뒤, 평양으로 가는 두번째 기차 편으로 갈아타게 될 것이다. 전광판에 쓰여 있는 글자 중 'Starbucks Coffee'만 유일하게 읽을 수 있었다. 스타벅스는 전 세계의 수많은 커피 애호가에게 사랑받는 브랜드이지만 북한 진출은 엄격히 금지되고 있다. 나는 간신히 스타벅스의 와이파이를 잡아 휘아에게 마지막 메시지를 보냈다. 앞으로 6일 동안은 인터넷을 쓸 수 없으므로, 휘아를 안심시킬 만한 메시지나 사진을 보낼 수 없을 것이다.

날이 어두워지자 배정받은 기차의 침대 칸으로 향했다. 침대 칸에는 여러 개의 방 안에 각각 3층 침대 2개가 있었는데 기차표에는 열차 칸 번호만 적혀 있었을 뿐 침대 번호는 적혀 있지 않았기 때문에 선착순으로 침대를 잡아야 했다. 다행히 우리가 일찍 와서 1층 침대를 잡을 수 있었다. 평균 신장의 사람들을 위해 만들어진 기차 안에서 3층 침대까지 올라가는 것은 상상만 해도 아찔하다.

기차가 천천히 출발했다. 마침 베이징 사람들도 일을 마치고 집에 돌아가는 시간인 것 같았다. 선로 왼쪽의 고속도로는 교통체증으로 꽉 막혀 주차장으로 탈바꿈했다. 왼쪽 차선은 노란색의 불빛으로 오른쪽 차선은 붉은색 불빛으로 가득 찬 밤 풍경에 사이에서 나는 최면이 걸린 듯 잠에 들었다.

갑자기 누군가 나를 깨웠다. 2층 침대 칸의 여자와 그녀의 친구였다. 그들은 내 옆에 앉아도 되는지 물었다.

"정말 잠깐만 옆에 앉을게. 오래 걸리지 않을 거야."

내 피곤한 눈을 보며 그들이 말했다. 나는 베이징 공항의 설잠으로 인해 여전히 매우 피곤한 상태였다. 그들은 네 개의 라면을 우리 앞에 내밀었다.

"너와 너의 아버지도 함께 먹자."

고맙고도 반가운 라면이었다. 그들은 2층 침대에서는 똑바로 앉을 수가 없어 양해를 구했다고 말했다.

약속대로, 2층 침대 사람들은 라면을 다 먹자마자 자신들의 침대로 돌아갔다. 평양으로 가는 두번째 기차 편을 위해 에너지를 충분히 비축해야 해서 이번만큼은 잠을 푹 자고 싶었다. 베개에 머리를 얹고, 침대 위에 대각선으로 누웠다. 삐죽 튀어나온 내 두 다리가 통로를 막지 않게 이리 저리 자리를 잡았다. 같은 칸 승객들의 웅성거림이 점점 희미해 졌고, 나는 그렇게 서서히 잠이 들었다. 나는 꿈 속에서 베이징과 작별인사를 고했다. 하지만 이이별은 길지 않을 것이다. 북한 여행이 끝나는 순간 우리는 다시 베이징에 올 것이니 말이다.

2018년 12월 28일 금요일 저녁이었다.

베이징에서 단둥으로 가는 기차

북한까지 한 정거장, 단둥

태양빛이 눈부시게 떠오르며 나의 잠을 깨웠다. 나는 창 밖으로 펼쳐진
중국 풍경을 감탄하며 바라보았다. 지붕위의 눈들이 아침 햇살에 반사되어

마오쩌둥 동상 앞에서 브이로그 촬영

반짝거렸고, 웅장한 바위산들 뒤로 해가 점점 떠올랐다. 만약 '추위'를 그릴 수 있다면, 이것이 완벽한 그림일 것이다. 송글송글 맺혀 있던 아침 이슬이 무거운 물줄기가 되어 흘러내렸고, 열차 안 사람들은 단둥丹东에 내릴 준비를 하며 하나 둘 침대에서 내려오기 시작했다. 아침에 나를 본 적이 있는 사람들은 내가 전형적인 아침형 인간이 아니라는 것을 알 테지만, 이 날만은 달랐다. 어제만 해도 한국에 있던 나는 지금 여기 단둥에 있고, 아름다운 설경은 나의 설렘을 부추겼다.

단둥역의 마오쩌둥 동상

단둥역에서 나오자 오른손을 베이징 방향으로 뻗고 북한을 등지고 서 있는 거대한 마오쩌둥 동상이 서 있었다. 역 주변에는 딱히 할 것이 없었다. 아직 이른 아침이었고 살을 에는 추위가 느껴졌다. 아버지와 나는 북한 국경을 가르는 압록강까지 걸어가 보기로 했다. 경치는 경이로웠다. 신비로운 안개가 가득 덮인 강 너머로 북한이 눈에 들어왔다. 마치 최고 사양의 스모그 머신 여러 대가 풀가동하며 신비로운 마술 상자를 더 비장하게 보이게 하려는 것 같았다. 하지만 안개가 걷히고 드러난 마술 상자 속에는 북한이 있을 것이다.

이 강변에 서 있다 보니 중국의 북한 국경과 남한의 북한 국경이 새삼 다르다는 것이 느껴졌다. 군사적 긴장감은 훨씬 낮았고, 많은 중국인 관광객들이 임진각처럼 북한을 보기 위해 몰려들고 있었다.

압록강

'중국도 다른 나라와 다를 것 없이 북한이 궁금한가봐.'

여기서 북한과의 거리가 강화도에서 본 북한과의 거리보다 훨씬 짧았다. 이 강을 수영해 건너는 것이 더 이상적인 방법이지 않을까 싶지만, 중국에서는 그들을 북한으로 다시 돌려보낼 가능성이 높다. 나는 '촬영 금지'라는 표지판을 무시하고 조심스럽게 다리와 강을 촬영했다. 콘텐츠를 만드는 유튜버로서 이런 촬영이 너무 즐거웠고, 언젠가는 북한과 러시아의 국경을 촬영해보고 싶다는 생각이 들었다. 이런 환상에 사로잡혀 있는 내게 아버지는 "일단 북한 시리즈부터 잘 끝내라."라고 말씀하셨다. 아버지는 항상 맞는 말만 하신다.

아버지는 내가 유튜버가 되겠다는 생각에도 한동안 적응기간을 필요로 하셨다. "그게 뭐든 간에." 아마 이렇게 생각하셨을 것이다. 당시 나는 가족들에게 유튜브라는 새로운 커리어를 인정받기 위해 강한 결의로 가득 차 있었다. 하지만 그것이 이 여행의 진정한 가치를 퇴색하게 만들 수는 없었다. 나의 맹목적인 촬영을 향한 열정이 종종 주변 사람들의 기분을 상하게 할 수 있다는 것은 휘아와의 경험을 통해 많이 배웠기 때문이다.

우리는 강을 가로지르는 두 다리 사이에 서서 경치를 감상했다. 두 다리 중 하나는 강의 중턱에서 뚝 끊겨 있었다. 이 다리는 '부서진 다리'라고 불리는데, 아주 적절한 이름이다. 이 다리는 한국 전쟁 중 미국에 의해 폭격 당했고, 그 이후로 재건되지 않았다. 부서진 다리의 끝에는 북한을 관망할 수 있는 전망대가 있었고 많은 중국인 관광객들이 바글거리며 북한을 구경하고 있었다. 또 그 옆에는 아이러니하게도 우리가 곧 기차를 타고 북한에 들어

북한으로 들어가는 다리와 부서진 다리

직항은 없다

갈 다리가 있었다. 중국의 단둥과 북한의 신
의주를 연결하는 이 다리는 '조중친선다리'라
고 불리며 보행자는 출입할 수 없고 한산한
철도와 차도만이 있었다.

나와 아버지는 북한을 바라보며 같은 감
정을 느끼고 있었다. 이동에만 꼬박 하루가
더 걸린 서울과 평양 사이의 거대한 거리가
우울한 현실로 다가왔다. 베이징과 단둥을 거
쳐 평양까지…. 지도를 보면 이 현실이 비상
식적이고 유치하고 어리석게까지 느껴질 것
이다. 미래에는 어떻게 바뀔지 아무도 모르지
만 여전히 확실한 건 없다. 서울에서 넘어지
면 코 닿을 데 있는 평양인데 우리는 지금 단
둥에 서 있다. '불필요한 거리'라고 아버지는
말했다. 멀리서 우리를 부르는 소리가 들려왔
고 아버지는 시계를 보셨다. 서둘러 기차를
향해 달려야 할 시간이었다. 드디어 북한으로
입성할 기차를 탈 시간이다.

압록강 건너 신의주

단둥역에서 모든 확인 절차가 끝나고 북한 열차에 탑승하는데 심장이 두근거렸다. 우리가 탈 오래된 북한 열차는 초록 바탕에 노란색 가로 줄무늬가 있었고, 깔끔하고 광이 나고 있었다. 모든 외국인 관광객들은 열차 칸 하나에 배정되었지만 신기하게도 북한 승객들도 좀 섞여 있었다. 낯선 사투리의 한국말이 들려오니까 이상했다. 이 북한 사람들과 이야기를 나눠보고도 싶었지만 아직 용기가 나지 않았다.

객실을 함께 쓰는 이 북한 승객들은 깔끔한 옷차림을 하고 있었다. 남한의 롱 패딩과 비슷하지만 조금 더 우아한 스타일의 누빔 자켓을 입고 있었는데, 색깔은 연한 회색부터 갈색, 주황색까지 다양했다. 한 북한 아줌마는 곱슬거리는 파마머리에 목 부분에 털이 달린 자켓을 입고 있었다. 많은 남한의 아줌마들도 비슷한 파마머리를 많이 하기 때문에 그 헤어스타일에 괜히 계속 눈이 갔다. 하지만 자본주의의 상징인 청바지는 오직 관광객들 만이 입고 있었다. 여행 전 청바지 또한 금지 품목 중 하나일 거라고 예상했지만 이에 대한 규제는 없었다.

이 북한 사람들은 다양한 크기의 캐리어를 끌거나 명품 가방 등을 어깨에 매고 다녔다.

"이 사람들은 평범한 북한 사람들이 아닐 거야."

나는 아버지에게 말했다. 나중에 한 탈북자 친구는 목 부분에 털이 달린 자켓은 보통 부의 상징이라며, 일반 북한 사람들은 이런 코트를 살 여유가 없다고 말해 줬다.

우리 여행사 일행은 열차 칸 중앙 침대방에 배정받았다. 열차 칸 한 쪽에는 한 체코인 커플과 북한 사람들이 있었고, 다른 쪽에는 '영 피오니어스 Young Pioneers' 여행사의 일행들이 있었다. '영 피오니어스'는 고려투어의 경쟁 여행사인데, 이 여행사의 타겟층은 주로 젊은 사람들이고 '파티'적인 태도로 북한을 여행한다. 그래서 나는 이 여행사를 선택하지 않았다. 나는 그런 '파티'적인 태도를 가진 여행보다 존중이 있고 진지한 여행을 선호한다. 고려 투어는 약간 더 비싸지만 조심스러운 태도의 여행사이고 인디고 트래블러나 마이클 페일린과 같은 많은 다른 다큐멘터리 제작자들 또한 고려 투어를 통해 여행을 예약했기에 나도 고려 투어를 선택했다. 하지만 가장 결정적인 이유는 오토 웜비어가 영 피오니어스 여행사를 통해 북한을 여행했다는 점이었다.

기차가 천천히 움직이기 시작했다. 아파트들이 창밖을 스쳐 지나갔고, 번화한 대로와 부서진 다리가 차례로 뒤를 따랐다. 화려한 단둥의 스카이라인이 등 뒤로 넘어가며, 우리는 아포칼립틱한 북한의 겨울 세상으로 들어가고 있었다. 얕게 깔린 강의 물은 모래 위에 하얗게 얼어붙어 겨울 왕국의 효과를 극대화 시켰다. 압록강을 건너는 순간 묘한 충격이 쿵 하고 내려앉았다. 현실 세계에 대한 의심이 들며 그대로 말문이 막혀버렸다.

왼쪽은 북한, 오른쪽은 중국

북한 쪽 강변의 대로를 지나쳤다. 북한 쪽 강변에서는 아무도 망원경으로 중국 쪽을 바라보지 않았다. 아니, 사람이 아예 없었다. 멀리서 군인 두 명만이 열을 맞춰 기차 쪽으로 걸어오고 있었고, 모래 밭에는 강물이 불어나기만을 바라는 녹슨 배 세 척이 널브러져 있었다. 텅 빈 수영장 앞에는 '구명대'가 있어야 할 자리에 작은 망루가 서 있었는데 망루의 안개 낀 창문 뒤로 그림자가 살짝 움직이는 것이 보였다.

직항은 없다

기차가 수십 미터 더 들어가면서 버려진 놀이기구 두 개를 지나쳤다. 낡은 관람차와 회전목마였다. 이 두 구조물은 작은 건물들 사이에 비현실적으로 배치되어 있었다. 드라마 '체르노빌'의 촬영 세트를 보는 듯한 착각까지 들었다. 관람차 뒤에는 하얀 비닐로 포장된 드럼통들과 화물을 실은 빨간색 트럭들이 서 있었는데 조중친선다리를 건너기 위해 허가를 기다리는 것 같았다.

한 건물 앞에 주차된 잘 빠진 캐딜락이 눈에 들어왔다. 네덜란드에서도 부러움을 살 만한 멋있는 가족 차였다. 그 차가 주차된 건물로 시선을 옮겼는데 처음으로 두 지도자, 김일성과 김정일의 초상과 눈이 정면으로 마주쳤다. 조선민주주의인민공화국의 설립자인 김일성과 그의 아들 김정일. 그들은 우리를 향해 자애로운 아버지 미소를 짓고 있었다.

북한에 있는 캐딜락

김일성(왼쪽)과 김정일(오른쪽)의 초상

　압록강을 건넌 순간, 우리와 바깥 세상과의 모든 연결이 끊겼다. 와이파이는 물론 데이터도 없다. 오직 고려투어 가이드만이 그의 휴대폰에 특별하고 비싼 유심카드를 가지고 있었고, 그 유심카드로 비상시에 여행사 본사에 연락을 취할 수 있었다.

　오늘 날의 세상에서 인터넷이 없는 것은 거의 상상하기 어렵다. 그러나 북한 여행 동안 아무도 인터넷이 없다고 불평하는 것을 듣지 못한 걸 보면 인간은 적응의 동물임이 분명하다. 나 또한 때때로 진동이 느껴져서 주머니에 손을 넣어 확인하고는 했지만 물론 모두 나의 착각일 뿐이었다. 하지만 이 순간만큼은 핸드폰 진동이 아닌 다른 진동이 온몸에 울리는 것이 느껴졌다. 기차가 신의주 역에 도착해 속도를 늦추고 있던 것이다.

성경책 있습네까?

　　기차가 신의주 역에 도착하자, 녹색 제복과 큰 모자를 쓴 남자들이 어깨 넓이보다 조금 넓은 복도로 들어왔다. 그들은 정신없이 우리의 서류와 짐을 검사하기 시작했다. 바글바글한 관광객들, 북한 주민들, 머리에 커다란 모자를 쓴 북한 세관원들로 꽉 찬 열차 칸이 우스꽝스러운 이미지를 선사했다. 내가 상상했던 북한 출입국 관리소의 이미지와는 전혀 딴판이었다.

　　고려 투어 가이드와 함께 침대에 딱 붙어 기다리자 곧 세관원들이 우리에게 다가왔다. 그들은 한국어로 우리가 무슨 그룹 소속이냐고 물었다. 하지만 아무도, 심지어 우리의 가이드까지도 그들의 말을 이해하지 못했다. 내한국어 실력이 고려 투어 가이드보다 조금 더 나았던 걸까?

　　"우리는 고려투어입니다."

　　나는 약간 자랑스럽게 한국어로 대답했다. 이것이 내가 북한인과 처음나눈 대화였다.

　　"원, 투, 쓰리, 포."

　　북한 관리자는 내 말을 듣고는 이 말을 몇 번이나 반복했다. 시간이 조금흐른 뒤에야 그가 이 그룹의 인원을 물어보고 있다는 것을 깨닫고 내가 다시 한국어로 대답했다.

　　"네 명!"

세관원의 영어가 너무 서툴어 이해하기 힘들었는지 고려 투어 가이드는 그에게 내가 '조선어'를 할 줄 안다고 말했다. '조선어'는 북한에서 사용하는 한국어를 지칭하는 말이다. 나는 재빨리 "조금!"이라고 덧붙였다. 세관원이 나의 조선어가 유창할 거라 오해하는 것을 막기 위해서였다. 그러나 그는 즉시 조선어로 양식을 작성해달라고 말했다. 우리는 약간의 어려움을 겪었지만 다행히 양식을 작성하는 데 성공했다.

북한의 출입국 관리

직항은 없다

그들은 우리의 몇몇 짐들을 열어보며, 그 안에 들어있는 전자 제품들이 무엇인지 물어보기도 하고, 혹은 성경, 혹은 음란물을 갖고 있는지 살폈다. 북한에서는 신앙, 특히 기독교 신앙을 악마 같은 것으로 치부한다. 심지어 2014년에는 한 관광객이 실수로 호텔에 성경책을 두고 나왔다가 체포된 적이 있기도 하니 말이다. 하지만 모든 짐을 제대로 확인하는 것 같지는 않아 이 절차가 조금은 형식적으로 느껴졌다. 그러나 이미 관광객들에겐 이미 북한에 대한 두려움이 기본 세팅으로 자리잡고 있어 감히 성경책을 가방에 넣어 가지고 온 사람은 없었을 것이다.

긴장감이 감돌았다. 분명 우리를 포함한 대부분의 관광객들이 이 순간을 가장 걱정했을 테다.

'만약 우리의 소지품 중에서 금지 품목이 발견된다면 어떤 일이 벌어질까?'

나는 세관원들의 얼굴이 아니라 대화 내용을 눈에 띄지 않게 촬영하기 시작했다. 지금 북한에 있다는 것을 알고 있었기 때문에 최대한 조심했다. 그러나 아버지와 고려투어 가이드는 내 행동에 불편함을 느꼈고 결국 경고를 받았다.

형식적인 검사 과정이 끝난 뒤에, 넓은 모자를 쓴 세관원은 아버지의 여행 가방을 자세히 뒤지기를 원했다. 2차 수색이 시작되었다. 북한 세관원들은 아버지에 가방에 있던 오래된 올림푸스 필름카메라를 보자 희미한 웃음을 지었다. 그 카메라는 북한인들도 구식이라고 생각할 정도로 낡아 보였기 때문이다. 우리도 웃음이 터졌고 세관원도 더 이상 아버지의 여행 가방을 볼 필요가 없다고 느낀 것 같았다. 유머에는 국경이 없다.

세관원은 내가 촬영하는 것을 보았지만 별말 없이 넘어갔다. 우리의 핸드폰도 검사를 통과했고 세관원은 우리의 대답을 적당히 믿고 넘어가는 분위기였다. 또한 여행이 끝날 때 호텔이나 다른 장소에 두고 오는 일이 없도록 소지한 모든 전자기기를 적어 달라는 요청을 받았다. 여행이 끝날 때 얼마나 꼼꼼히 수색할지 확실하지 않았기 때문에 우리는 최대한 솔직하게 작성했다.

제복을 입은 남자들은 다른 곳에서 우리의 서류를 확인하기 위해 어디론 가 사라졌고 이 때 우리는 우리의 여권과 작별인사를 고해야 했다. 단언컨대 여행 중에 누군가에게 여권을 건네야 하는 것은 결코 유쾌한 일이 아니다. 우리도 잠시 신의주 기차역에 내려 저린 다리를 피고 북한에서의 첫 공기를 마셔볼 수 있었다. 아버지의 얼굴에 안도감이 비쳤다. 이제 출입국 절차가 거의 끝나가는 것 같았다. 그러나 여전히 이 질문은 내게 아직 미스테리로 남았다.

'북한에서 얼마나 자유롭게 촬영할 수 있을까?'

대동강 맥주와 평양 소주

신의주 기차 승강장의 비현실적인 장면을 아직도 선명하게 기억한다. 기차에서 내리자마자 각종 음식을 파는 작은 노점이 있었는데, 푸른 색 옷을 입은 아름다운 아가씨 두 명이 너무 과하지도 너무 인색하지도 않은 미소를 우리에게 지어 보였다. 흑백 사진 같은 신의주 역의 유일한 색깔은 그들뿐이었고 무섭게 생긴 군인들이 우리를 예의주시하고 있었다. 나는 북한 주민들이 타는 열차 칸 쪽으로 가 보려고 했지만 누군가 내게 휘파람을 불어 돌아오라고 손짓했다.

승강장의 분위기는 무거웠다. 나는 사람들이 나와 내 카메라를 쳐다보고 있다는 것을 알아챘다. 북한에 들어온 지 얼마 안 되었을 때라, 촬영이 아주 조심스러웠다. 또 노점의 판매원들 뒤에 군인들이 서 있어서 노점도 자유롭게 촬영할 수 없었다. 규칙 기억하시나? 군인은 촬영 금지다(4쪽). 그 젊은 여성들은 대한항공 승무원들처럼, 단정하게 매듭으로 묶은 머리, 비슷한 유니폼 차림이었다. 그리고 외모로 발탁된 듯한 느낌을 주었다.

할 수 있는 것이 없으니 그냥 노점에서 과자나 사기로 했다. 대부분의 제품이 중국산인 것 같았다. 나는 '조선' 제품은 없냐고 물었다. 북한 사람들은 자신의 나라를 '조선'이라고 부르며 북쪽의 '북조선'과 '미국이 점령한' 남쪽의 '남조선'으로 구분한다. 다른 곳에서 구하기 힘든 북한산 제품을 사서 남한 제품과 어떻게 맛이 다른지 비교해 보고 싶었다. 하지만 노점의 판매원은 수많은 관광객들로 둘러싸여 있어 마치 케이 팝 팬들이 아티스트를 둘러싸고 있는 것처럼 보였다. 나는 목소리를 높여 외쳤다.

"술!"

내가 처음 배운 한국어 단어였다. 이 짧은 한국어 단어를 들은 판매원은 드디어 내게 관심을 주며 무언가를 꺼내 보여주었다. 나는 반짝반짝한 눈을 하고 우아한 자태로 모습을 드러낸 병 두 개를 바라보았다. 나는 너무 흥분한 나머지 지금이 이른 아침이라는 사실을 까먹어버렸다. 내 눈 앞에 나타난 초록색 500리터짜리 대동강 맥주 병과 회색 평양 소주 라벨이 붙은 투명한 병이 눈에 들어왔다. 뭘 망설이겠는가. 당장 두 병 다 사야지.

기차 안에 들어오자마자 서둘러 미지근해질 맥주부터 들이켰다. 이 맥주의 이름은 평양의 수도를 가르는 대동강의 이름을 따서 지어졌다. 맥주는 상쾌하지만 살짝 쓴맛이 나는 필스너였다. 기대했던 것보다 훨씬 맛있었고 한국의 카스 맥주가 생각나는 맛이었다. 내가 한국에서 가장 좋아하는 주종이기도 한 소주도 의외로 맛있었다. 소주는 한국과 북한에서 소비되는 무색의 술이다. 한국에서는 주로 16~27% 정도의 도수의 술이 작은 초록 병에 들어있는데, 놀랍게도 평양 소주는 도수가 30%였고 병의 사이즈도 훨씬 컸다. 이른 아침이라 다 끝내기는 무리라 판단되어 몇 잔만 살짝 마셨다.

북한 술. 맥주(왼쪽)와 소주(오른쪽)

"북한의 소주는 옥수수와 흰쌀로 만들어져요."

맥주와 북한 술에 관심이 많은 고려투어 가이드가 말했다. 그의 개인적인 목표는 다양한 북한 지역 양조장들을 방문하는 것이었는데, 나는 북한에 생각보다 많은 양조장이 있다는 것을 듣고 놀랐다. 그는 맥주 애호가들을 위한 북한 양조장 투어를 기획하는 것이 꿈이라고 했고, 그의 북한 맥주 투어의 첫번째 여행자가 되는 것은 나의 꿈이 되었다.

기차에서 주무시는 아버지

직항은 없다

북한 기차에서 발견한 신라면?

서류 확인이 모두 끝나고 우리는 여행을 계속할 수 있었다. 다행히 우리 일행에는 문제가 없었다. 기차가 서서히 앞으로 굴러가고 신의주역이 서서히 사라지니, 북한의 풍경이 눈에 가득 들어왔다. 차가운 겨울의 논이 보였고, 울퉁불퉁한 길 위를 달리는 차나 버스, 그 옆에 자전거를 타거나 걸어가는 사람들이 보였다. 도랑, 호수 또는 개울의 모든 물들은 하얗게 얼어 있었다. 대체로 풍경은 회색 빛이었지만 가끔 눈에 뛰는 붉은색 선전 문구가 그 고요한 회색 정적에 돌을 던졌다. 산, 언덕, 마을뿐 아니라 당신들이 상상할 수 있는 모든 곳에 그 선전 문구가 있었는데 주로 그들의 지도자와 체제를 찬양하는 문구들이었다. 나는 살면서 이런 풍경을 본 적이 없었다. 너무 다르면서도 또 동시에 '한국적Korean'이기도 했다.

황소를 끌고 논 위를 걸어가는 농부를 보니, 우리가 시간을 거슬러 과거에 온 듯한 기분에 사로잡혔다. 분명 같은 시대를 살고 있는데 이곳에서는 수십 년 전의 풍경을 마주하는 듯했다. 많은 사람들이 나의 북한 여행 유튜브 시리즈에 "남한의 60년대와 70년대의 모습 같아요"라는 댓글을 단 것을 보면 이 느낌이 나만의 착각만은 아닐 것이다.

모두들 기차 안에서 즐겁게 이야기를 나누고 있었지만 나와 아버지는 창 밖을 쳐다보는 걸 멈출 수 없었다. 비록 대부분의 풍경은 그저 바위산과

선동 문구가 있는 풍경

황폐한 풍경

나무 한 그루 없는 황량한 풍경에 어디론가 향하는 북한 주민들뿐이었지만 눈을 뗄 수 없었다.

아직 평양에서 멀리 떨어진 염주역을 지나치면서 많은 아파트와 집들의 베란다에 태양 전지판이 설치되어 있는 것을 발견했다. 이는 북한의 전력 상황에 대해 보여준다. 사람들은 전기를 생산하기 위해 할 수 있는 모든 것을 하고 있었다.

염주 밖 풍경에는 북한 아이들이 스케이트 날을 신발에 붙인 채 얼음 위에서 서로를 쫓아다니고 있었다. 참으로 즐거운 광경이었다. 핸드폰도, 아이패드도 없지만, 간단한 도구들을 이용해 즐거운 시간을 보내고 있었다.

나의 어린 시절을 돌이켜보면 항상 핸드폰도 없이 밖에 나가 놀았다. 나무에 올라가거나, 축구를 하거나, 롤러 스케이트를 타거나, 동네에서 장난을 치곤 했다. 한국과 네덜란드의 어린이들은 이제 다른 것들을 즐기지만 북한의 시간은 멈추어 있었다.

북한 아파트 건물

바깥 풍경을 충분히 보고 나니, 이번에는 기차 안을 탐험해보고 싶었다. 나는 한 북한 남자가 기관차처럼 담배를 피고 있는 화장실 쪽으로 걸어갔다. 다른 열차 칸으로의 연결문을 열려고 하는데 그 담배를 피는 사람이 내게 말했다.

"It's closed 닫혀 있습니다."

그 남자는 단호하게 말했고 이유는 설명해주지 않았다. 나는 어쩔 수 없이 돌아서서 북한 사람들과 영 피오니어스 일행을 지나 반대편 열차 칸으로 걸어갔다. 중국 담배 특유의 냄새가 내 몸을 따라 열차 안으로 따라 들어왔다.

반대편은 문이 닫혀 있지 않았다. 약간의 불편한 시선을 느꼈지만 애써 무시하고 카메라를 들고 전혀 다른 분위기의 열차 칸으로 걸어 들어갔다. 이곳에는 북한 사람들이 더 많이 있었다. 그들이 조선어를 쓰는 것 외에도 모두 가슴에 북한 지도자들의 얼굴이 그려진 배지를 차고 있었기 때문에 쉽게 알아볼 수 있었다.

아버지는 기차를 돌아다니는 것이 현명하다고 생각하지 않으셨는지 나와 함께 걷다가 얼마 안되어 자리로 돌아가셨다. 반면에 나는 고집을 더 부렸다. 맥주와 소주 때문인지, 약간의 안주거리가 필요해서 기차에 분명히 있을 매점을 찾고 싶었다. 인디고 트래블러와 마이클 펠린 둘 다 기차에서 매점을 방문했기 때문이다.

기차 안을 걸어가다가 맥주 한 잔을 즐기고 있는 북한 사람들에게 말을 걸어 보기로 했다. 그들은 1층 침대 사이에 캐리어를 놓고 식탁처럼 사용하며 맛있는 북한식 음식들을 즐기고 있었다. 발효된 배추와 다양한 양념으로

직항은 없다

만드는 한국의 전통 음식 김치가 눈에 띄었다. 한국의 발효 음식들에 익숙해지기까지 시간이 좀 걸렸지만 이제는 나도 김치 없이 뭘 먹기가 힘들다. 네덜란드에 가면 김치가 가장 그리울 정도로….

북한 사람들에게 말을 걸어보려 했지만 몇 마디로 대화는 막을 내렸다.

"맛있어요?"

"네, 맛있어요."

"그거 맥주예요?"

"네, 맥주예요."

짧고 상냥한 투의 대답들이었지만 약간 쌀쌀맞은 데가 있었다. 나의 '눈치'가 북한 사람들의 심정을 대신 알려줬다.

'우릴 내버려 둬.'

'눈치'는 다른 사람들의 기분을 읽고 대처하는 기술, 혹은 능력인데 한국 생활에서 아주 중요하다. 설명하기는 쉽지만 실제로 써먹기는 아주 어렵다. 나의 눈치 스킬은 아직 초보 수준이라 상대방이 말하기 싫어하다는 것을 잘 알아차리지 못하고 괜히 불편하게 만든다. 이 사소한 문화차이 때문인지 나는 가끔 너무 직설적이거나 혹은 '서투른' 방법으로 대화를 끌어 나가곤 한다.

나는 여전히 식당을 찾기 위해 다음 열차 칸으로 걸어갔지만, 곧 무서운 표정의 북한 사람이 나를 막아 섰다.

"매점을 찾고 있어요."

나는 이렇게 말했지만, 그는 아무런 대꾸 없이 거친 팔 동작으로 나를 막았다.

나는 다시 "매점을 찾고 있어요."라고 되뇌었지만, "노!"라는 분명한 대답이 나를 막았다. 이 순간을 촬영하고 싶었지만 촬영했다간 왠지 큰일이 날 것 같았다. 나는 어쩔 수 없이 발걸음을 돌려야 했다. 매점이 기차에 있었는지, 뒤쪽 열차 칸에는 어떤 볼거리가 있었는지 더는 알 방도가 없다.

기차가 곽산 승강장을 지나치며 평양이 가까워지고 있었다. 이곳은 이전의 역들과는 달리 훨씬 사람들이 많았다. 많은 사람들이 도시 곳곳에서 흩어져 모여 있었는데, 유난히 한 거리가 마치 토요일의 암스테르담 칼베르스트라트 거리처럼 북적이기 시작했다. 나는 가이드에게 왜 그 거리만 사람이 북적이냐고 물었지만, 가이드도 모른다고 답했다. 이때, 처음으로, 저멀리서 왼손에 소의 고삐를 들고 있는 한 남자가 우리를 향해 손을 흔들었다.

자전거를 타고 있는 남자

시골 풍경의 작은 북한 집들

직항은 없다

소와 수레를 끌고 걸어가는
북한 주민

북한 지도자들의 초상이 있는
기차역

한 거리에 모여있는
북한 사람들

기차안으로 눈을 돌리니 함께 탔던 체코인 커플이 여자 셋, 남자 둘로 구성된 북한 청년 무리와 함께 대화를 나누고 있었다. 대화는 모두 중국어였고 나중에야 그 북한 청년들이 북한 서커스단의 일원이며 정기적으로 중국에서 공연을 한다는 것을 알게 되었다. 대화는 대부분 공연과 그들의 나라에 대한 것이었다. 나는 중국어를 이해하지 못했기에 기차 탐험이나 계속하기로 했다. 나는 열차 칸 앞쪽에 있었던 닫힌 문으로 걸어갔다. 놀랍게도 이번에는 문이 열려 있어서 홀린 듯이 그 문을 통과했다. 하지만 그 열차 칸은 이상하게도 텅 비어 있었다. 왠지 긴장이 되면서 있으면 안 될 곳에 들어온 느낌이 들기 시작했다.

조금 더 들어가니 한 북한 주민이 침대에서 자고 있었고, 몇몇 사람들이 속삭이듯 이야기를 나누고 있어 내 발자국 소리를 가려주었다. 이때, 나와 같은 투어 일행이자 기차를 함께 타고 온 영국 남자가 내 옆에 왔다. 혼자가 아니라 다행이었지만, 아까 무서운 표정의 북한 사람이 다시 우리를 돌려보내 이 작은 모험은 막을 내려야 했다. 우리는 아쉬운 마음을 달래기 위해 그 조용한 칸에서 잠시 서성거렸다.

곧 창문 밖의 해가 떨어지며 황금빛 노을을 만들어 냈다. 그 풍경에 감탄하는 순간 기차 안에서 어떤 익숙한 것이 시야에 확 잡혔다. 바로 내가 가장 좋아하는 남한의 신라면이었다. 나는 믿을 수 없어 그것을 계속 쳐다봤다. 남한 제품이 관광 루트를 통해 북한에 들어온 걸까? 그 신라면 컵은 창문 앞에서 빨간 신호등처럼 당당히 포즈를 취하고 있었다.

석양이 떨어지는 풍경

신라면

태양이 언덕 뒤로 자취를 감추었다. 그날의 노을은 정말 아름다웠고 완벽한 붉은 색이었다. 어디론가 향하는 북한 주민들의 실루엣만이 눈에 들어왔고, 곧 놀라울 정도로 칠흑 같은 어둠이 하늘을 뒤덮었다. 태양의 자연광은 자취를 감춘 후에 어떠한 인공광으로 대체되지 않았다.

이정도로 광공해가 없는 곳이 있을까. 아름다운 별빛 하늘을 볼 수 있는 한국 시골에서도 도시의 빛은 항상 어둠을 잡아먹었다. 나는 어디서도 볼 수 없었던 이 칠흑을 맘껏 즐겼다.

석양

두 북한 주민의 실루엣

직항은 없다

기차에 몸을 싣고, 단둥에서 평양으로

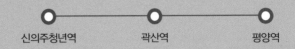

신의주청년역   곽산역   평양역

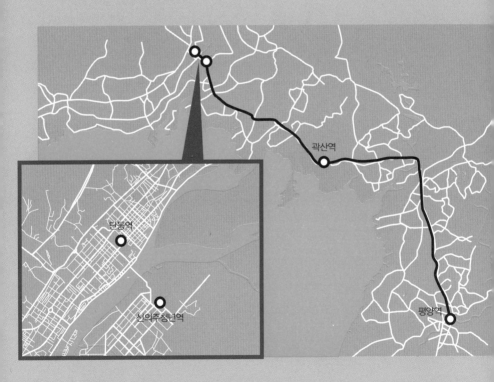

PART 2

돌고 돌아 드디어 평양

30시간 만에 도착한 평양

저녁 7시쯤, 우리는 캐리어를 들고 평양의 승강장에 내렸다. 정면에 보이는 건물 중앙에는 **'사랑하는 최고 지도자 김정은 동지 만세'**라는 문구가 크게 붙어있었다. 기차와 승강장에서 사진을 찍을 새도 없이 우리 앞에 순식간에 등장한 북한인 가이드 김 씨는 황급히 우리를 데리고 다른 일행들이 기다리고 있는 버스로 안내했다. 우리는 일행들과 어색하게 인사를 나눴는데 그들도 모두 피곤해 보였다.

평양역의 외관은 놀라울 정도로 아름답고 웅장했다. 조명이 켜진 시계가 달린 탑이 중앙에 있었

직항은 없다

평양역

고 그 밑에는 역시나 전직 지도자들이 미소를 짓고 있었다. 그들의 미소는 여느 때와 같이 익숙하고 중요하며 비슷하게 깔끔했다. 건물 전체에서 왠지 서양적인 분위기도 풍겼다. 도시의 첫인상은 현대적이었고 빛은 다소 희끄무레했지만, 평양 밖의 모든 곳과 비교한다면 이곳은 빛의 천국일 것이다. 역 앞에는 많은 버스가 주차되어 있었지만 당연히 광고판은 단 하나도 찾아볼 수 없었다.

나와 아버지는 버스 뒤편에 앉아 북한인 가이드 김 씨의 말에 귀를 기울였다. 비행기를 타고 온 사람들은 이미 조금 친해져 있었고, 간간히 농담을 하며 가이드와 더 많은 시간을 보낸 상태였다. 드디어 수도에 도착했으니 창 밖을 구경하고 싶은 마음이 굴뚝같았지만, 창문에 김이 서려 아무것도 보이지 않았다. 밖은 너무 추운데 사람들의 온기가 버스 안을 꽉 채운 까닭이었다. 곧 김 씨가 브리핑을 시작했다. 왠지 김 씨가 엄격한 가이드일 것 같다는 느낌이 들었는데 나의 예상은 맞아 떨어졌다. 다음날 호텔에서 만난 다른 가이드는 김 씨보다는 훨씬 너그러운 편이었기 때문이다.

나는 한동안 카메라를 주머니에서 꺼내지 않았다. '아 유튜버 한 명 더 있네.'라는 느낌으로 다른 관광객들을 짜증나게 하고 싶었지 않기 때문이다. 이게 다 파란 패딩을 입은 스웨덴 유튜버 탓이다. 김 씨의 브리핑이 끝난 뒤 내 나이 또래의 한 금발 스웨덴 여성이 반짝이는 파란색 패딩을 입고 버스를 휘젓기 시작했는데 그녀의 손에는 나의 카메라와 똑같은 카메라, 똑같은 고릴라포드 삼각대가 손에 쥐어져 있었다.

'안돼!'

제발 같은 그룹에 다른 유튜버가 없길 바랬다. 내가 그녀에게 느끼는 이 감정이 다른 사람들이 나에게 느낄 수도 있는 감정인걸 잘 알기 때문이다.

그녀는 카메라를 다른 관광객들에게 들이대면서 약간 건방지고 자신감 넘치는 태도로 질문을 퍼부었다.

"지금 기분은 어떠세요? 첫 인상은 어때요? 이번 여행에서 기대하는 점은?"

그녀는 아버지, 어머니, 딸, 그녀의 남자친구로 구성된 슬로바키아 가족에게도 똑같이 했다가 낭패를 봤다. 슬로바키아 딸은 자신을 찍고 있는 카메라를 보고 얼굴이 붉어지며 말했다.

"제가 촬영을 허락했나요? 지금 당장 찍은 걸 삭제해주세요!"

순간 정적이 흘렀다가 다시 시끄러워졌지만, 분위기는 왠지 굳어 있었다.

모든 관심이 스웨덴 유튜버에게 쏠려 있어 나는 평양 배경을 촬영하는 데 집중하기로 했다. 이제 막 고된 여정을 마친 사람들 중 스릴과 관심을 원하는 유튜버에게 시달리고 싶은 사람은 없을 것이다. 아버지는 그 여자의 첫인상에 대해 "짜증나는 여자"라고 말씀하셨다. 평양에 도착한 지 한 시간도 안 됐건만, 벌써부터 스릴을 찾으려는 모습이 금방이라도 문제를 일으킬 것 같았다. 우리는 이제 막 이 당국과 서로 눈인사를 했으니 어디까지가 선일지 조금은 더 지켜보는 편이 현명할 것이다.

우리가 처음 머물 양각도 호텔로 가는 길은 꽤 짧은 거리였지만 모두가 꽤 긴장해서인지 실제보다 길게 느껴졌다. 양각도는 평양을 가로지르는 대동강 중앙에 위치한 섬이다. 많은 외국인 관광객들이 이 호텔에 묵는데, 여느 섬들처럼 이 섬 안에도 딱히 갈 곳은 없었다. 칠흑 같이 어두운 바깥 풍경에 양각도 호텔만 불이 환하게 밝혀져 있어서인지 TV로 봤던 것보다 더 거대하게 느껴졌다.

이 호텔은 2015년 말부터 2016년 초에 많은 화제를 끌며 TV에 자주 등장했다. 김정은 정권은 미국인 소년 오토 웜비어가 양각도 호텔의 직원만 들어갈 수 있는 층에서 북한 선전 포스터를 떼었다고 주장했다. 오토는 이후에 이 일로 공항에서 체포되었고, 공식 기자회견 이후 부상의 고통으로 죽음에 이르렀다. 그래서 나 또한 감히 카메라를 들고 호텔 구석 구석을 탐험할 생각은 애초에 접었다. 이 글을 읽고 있다면 '왜 다른 호텔을 예약하지 않았을까?'라는 질문이 들 수 있다. 하지만 북한에 출입하는 관광객들은 자의적으로 호텔을 선택할 수 없다.

우리는 어둠을 뚫고 호텔로 걸어가 28층 열쇠를 받았다. 정문이 공사 중이어서 우리는 다른 문을 통해 들어가야 했다. 호텔의 엘리베이터는 너무 느려서 제 시간에 도착하려면 반드시 엘리베이터도 시간 계획에 포함시켜야 했다. 다음 날 아침 일찍 아침 식사를 하러 엘리베이터를 타고 내려오는 데 10분에서 15분이 걸릴 정도였으니까 말이다.

호텔 방은 아주 낡아 보였고, 할머니 집과 비슷한 냄새가 났다. 고장 난 빈티지 라디오 하나와 북한 선전 채널들이 나오는 TV가 있었는데 신기하게 스포츠 채널들도 있었다. 방에는 한기가 돌았다. 나는 창문을 열려고 했지만 단단히 얼어붙었는지 열리지 않았다. 손톱으로 창에 서린 얼음을 긁어내고 나니 창 밖 멀리 도시 한 가운데 우뚝 솟은 현대식 피라미드 같은 건물이 보였다. 이 건물은 류경 호텔로 1987년에 지어졌고, 높이가 300m가 넘지만 내

호텔에서 본 류경 호텔

부는 텅 비어 있어 '세계에서 가장 높은 텅 빈 건물'이라는 타이틀을 자랑스럽게 지니고 있다. 류경 호텔의 벽에는 다양한 선전 구호가 반짝거리며 현란한 불빛 쇼를 보여주고 있었다. 안 그래도 부족한 도시의 전기가 여기서 유용하게 쓰여지고 있었다.

나는 마치 마약탐지견처럼 방 안 구석구석을 킁킁거렸다. 모든 것이 흥미로웠다. 컵, 숟가락, 비누, 칫솔, 달력… 침대 옆 둥근 탁자 위의 재떨이까지. 모든 것이 '메이드 인 조선'이었다. 몇몇 북한 제품의 이름이 나한테는 참 재밌었다. 예를 들어, 샴푸는 한국에서 콩글리쉬로 '샴푸'로 발음되는데,

북한에서는 말 그대로 '머리 물 비누'이다.

　　아버지와 나는 긴 여행으로 지쳐서 한 시간 조금 넘게 휴식을 취하기로 했다. 나는 간단하게 브이로그를 촬영하며 하루를 요약하려는데 갑자기 머리가 띵하면서 내가 커피 없이 하루를 버텼다는 것을 깨달았다. 내 손이 떨려오면서 카메라도 함께 떨렸다. 나는 카메라를 향해 이렇게 말했다.

　　"만약 커피가 없다면 꽤나 심각한 문제가 될 것 같습니다. 여행 내내 머리가 아플 것 같아요."

직항은 없다

평양에서 영화 보기

호텔 방에서 쉬고 난 후, 저녁 뷔페를 먹기 위해 아래층에 내려갔는데 일행은 이미 식사를 다 마치고 나갈 준비를 하고 있었다. 시간을 잘 맞췄다고 생각했는데 시차가 있다는 걸 깜빡한 것이었다. 평화롭게 저녁을 먹긴 글렀고 딱 5분의 시간이 주어져서 우리는 3분 안에 치킨 한 조각과 커피 한잔다행히 커피가 있었대을 다급히 먹고는 일행에 합류했다.

괜히 다급해진 김 씨 외에는 아무도 우리를 기다리면서 짜증을 내는 것 같지 않았다. 김 씨는 근처의 평양 국제 영화 회관에서 영화를 보는 저녁 일정이 서비스로 주어졌다며, 영화를 봐도 되고 피곤한 사람은 호텔에 머물러도 상관없다고 했다. 무엇을 고민하겠는가? 단지 5일뿐인 북한 여행인데 할 수 있는 건 다 해보고 싶지 않은가? 애초에 가이드의 '보호관찰' 없이 호텔 밖에 나갈 수도 없으니 말이다.

다시 어둠을 뚫고, 김 씨는 손전등을 들고, 우리는 아직 자고 있는 영화관 입구로 걸어갔다. 영화관은 문이 닫힌 채 커튼이 쳐져 있었다. 마치 우리가 아포칼립틱 좀비 영화에 출연한 배우들 같다는 느낌을 받았다.

"김 동무!"

우리의 가이드가 영화관 앞에서 소리를 지르자 몇 초 후 문이 열렸다. 참고로 남한에서는 '동무'라는 말이 공산주의를 떠올리게 하기 때문에 거의 사용하지 않지만 북한에서는 모든 곳에서 이 단어를 들을 수 있다.

영화관 안에 들어가니 가벽 하나가 서 있었다. 내 큰 키와 카메라를 사용해 가벽 뒤를 보니 꽉 찬 팝콘 박스 7개가 두 줄로 가지런히 서서 우리가 먹어 주길 기다리고 있었다. 영화관에 왔으면 당연히 팝콘을 먹어야 하기에 나와 아버지는 5달러를 내고 달콤한 팝콘을 구매했다. 아버지와 나를 포함한 일행들은 이 비현실적이고 뭔가 조직적인 영화관의 분위기가 꽤히 유머러스했다.

영화관

직항은 없다

우리만을 위해 열린 영화관이라니…. 다들 터져 나오려는 웃음을 참으며 북한 음악이 흘러나오는 텅 빈 홀로 들어갔다. 모두 똑같은 생각을 하고 있었을 것이다. 이 모든 비현실적인 상황이 너무 당연한듯 벌어지는 이곳이 신기했다. 2018년부터 여기서 매년 국제 영화제가 열린다고 하는데, 대체 누가 북한 국제 영화제의 초대장을 받는 걸까?

예약된 좌석 같은 건 없어서 우리는 원하는 좌석에 자유롭게 앉을 수 있었다. 영화가 시작되기 전에 김 씨는 우리에게 코트를 단단히 입고 있으라고 조언했다.

"영화를 보는 중에 꽤 추워질 수 있습니다."

이건 과장이 아니었다. 실제로 영화를 보면서 손을 팝콘 박스 밖으로 꺼내기가 힘들 정도였으니까 말이다. 드디어 화면에 커다란 붉은 글씨로 제목이 나타나며 영화가 시작됐다.

〈김 동무는 하늘을 난다〉

이 영화는 영국-벨기에-북한이 함께 제작한 로맨틱 코미디이다. 줄거리를 간단히 요약하자면 여성 탄광 노동자가 공산주의 북한 서커스단의 곡예사가 되는 꿈을 이루는 내용이다. 공산주의적인 메세지를 내포하는 대사들은 아름다운 여주인공 김 동무의 매력에 가려 중요하지 않았다. 믿거나 말거나, 영화는 재미있었고, 모두가 동의했다. 기분 좋게 끝나는 전형적인 해피엔딩 영화였다. 반면에 내 팝콘의 엔딩은 축축한 '무언가'로 바닥이 흠뻑 젖어 있어서 아쉬운 결말로 끝이 났다.

코트를 입어야 하는 영화관 내부

    영화가 끝나고 갑자기 주연 배우가 영화관에 모습을 드러냈다. 관광객들에게 감사의 표시를 하기 위해 직접 영화관에 나타난 것이다. 나는 매력적인 여주인공이 왔으면 했지만 아쉽게도 당황한 표정을 짓고 있는 키가 작고 마른 남자 상대 배우였다. 그는 영화에서 건강하고 당찬 미소를 지닌 영웅으로 비춰졌는데 이 영화관에 있는 실제 그는 왠지 불안해 보였다. 카메라가 너무 많았던 탓일까? 모든 일행들은 너나 할 것 없이 이 어찌할 바를 모르는 연예인과 줄을 서서 사진을 찍으려 했다.

직항은 없다

피곤함도 느껴지지 않을 정도로 주변 풍경에 대한 호기심이 끊임없이 들끓었다. 아버지와 나는 네덜란드의 이웃나라 벨기에와 합작한 이 영화에 대해 평을 나누며 호텔에 돌아왔다.

"재미있으면서도 훌륭한 영화였어."

아버지는 이렇게 평을 남겼고, 축축한 팝콘의 클라이막스에 대해서도 잊지 않고 언급했다. 우리는 호텔에 도착해 작은 호텔 상점을 구경했다. 처음 보는 북한 제품들과 수입 제품들이 많이 있었는데 과자와 사탕 포장지들의 화려한 색이 참 재밌었다. 공산주의에 대한 나의 편견과는 달리 갖가지 포장은 알록달록 활기가 넘쳤다.

배우와 함께

상점에서 발견한 뱀술

　포장지에 그려진 밝은 초록 색상의 춤추는 캐릭터에 정신이 팔린 내게 일행의 한 젊은 남자가 뱀 술도 있다고 말해주었다. 사실이었다. 다양한 종류의 북한 술 가운데 뱀이 들어있는 큰 유리병이 눈에 띄었다. 나는 뱀 술은 처음 봤지만, 가격과 세관 문제 때문에 구매할 수는 없었다. 나는 커피 사탕과 초콜릿 칩 쿠키를 계산대에 올리며 이걸로 만족하기로 했다. 우리가 북한에서 보고 놀랄 것들은 여전히 한 가득이니까.

　사진 속 나와 배우의 대비만큼, 북한에서의 첫 날은 비현실적임의 연속이었다. 몇십 년 전 과거로의 여행, 우린 밀폐 왕국 속에 있었다.

　　　　　　　　　　　　　　　　　　　　　　　직항은 없다

평양에서 맞이한 첫번째 아침

아침 6시에 알람이 시끄럽게 울렸다. 내가 핸드폰에 손을 뻗어 알람을 끄기도 전에 배터리가 다 닳으면서 화면이 검게 바뀌었다. 핸드폰 충전기가 양각도 호텔 밤의 추위에 백기를 들고 후퇴해 버린 것이다. 이럴 수가! 새로운 전략이 필요했다. 이불로 침대를 최대한 따뜻하게 만들고, 베개 밑 깊숙한 곳에 핸드폰을 넣었다. 다행히 10분 뒤 핸드폰에는 5%라는 글자가 빛나고 있었다.

반면에 나는 오히려 이 추위 덕분에 쾌적한 숙면을 가졌다. 먼저 일어나신 아버지께서 먼저 샤워를 하고 계셨고 나는 두번째 날의 인트로를 촬영했다. 성스러운 곳에 방문하는 중요한 날이었다.

양각도 호텔

금수산 태양 궁전을 들어가기 위해선 가장 격식 있는 옷을 입어야 했다. 청바지나 긴 팔 티셔츠는 물론, 모자와 운동화도 허용되지 않았다. 나는 따

호텔에서 본 풍경

뜻한 스웨터 안에 깔끔한 네이비 색 셔츠를 입고 갈색 남성용 구두에 회색 청바지를 입었다. 청바지였지만 다행히 회색이었기 때문에 김 씨의 승인을 받을 수 있었다. 거기에 자주색 넥타이로 룩을 완성했다. 아침 뷔페를 먹기 위해 내려가니 일행들은 모두 중요한 비지니스 미팅을 가는 것처럼 보였다. 다들 누가 더 격식 있는 정장을 입을 수 있는지 경쟁하듯 한껏 빼입은 모습 이었다. 그 말은 우리 그룹의 일행들이 북한의 규칙을 존중하고 있다는 뜻 이라 한편으로 안심이 되었다.

직항은 없다

"생각보다 괜찮잖아?"

호텔 아침 식사는 북한 음식 말고도 다양한 메뉴가 있었다. 덴마크인 일행은 전혀 기대를 하지 않았는데 생각보다 음식 구성이 괜찮다고 말했다. 나 또한 갑자기 배고파지면서 기대감이 하늘을 찔렀다. 한국식Korean으로 조리된 닭 튀김, 생선 튀김, 두부 부침 등을 담아왔는데 남한의 같은 요리와는 비교가 되지 않았다. 맛은 약간 더 싱거웠고, 고기는 주로 얇지만 비계가 많았다. 약간 아쉬운 마음이 들어 뱃속의 마지막 공간을 구운 치즈, 버터, 예쁘게 썰린 사과 등으로 열심히 채웠다.

호텔 조식

아침식사를 마치고 우리는 카메라와 핸드폰을 가지러 호텔에 올라갔다. 느려 터진 엘레베이터 때문에 또 호텔 로비에 너무 늦게 도착해 버렸다. 우리가 마지막으로 도착하자 일행은 버스에 올라탈 수 있었다. 우리는 지각쟁이로 명성을 날리기 시작한 것 같다.

버스로 걸어가면서 우리는 다른 북한인 가이드인 박 씨를 만났다. 박 씨는 건강하고 생기 넘치는 외모와 밝은 성격을 가진 젊은 아가씨였다. 나는 김 씨보다 박 씨와 있는 것이 더 편했다. 그녀는 '덜 무서운' 여행 가이드였고, 보통 앞장서서 일행을 이끌기보다는 일행의 뒤를 따랐다.

질문에 답하는 그녀의 솔직함은 놀라웠다. 북한 기준으로 보면 굉장히 '열린' 사고를 가진 사람이라 말할 수 있겠다. 때때로 그녀는 마치 자신이 관광객인 것처럼 이 그룹에 녹아 들었고, 자신이 가이드라는 사실을 망각한

투어 버스

직항은 없다

것 같이 보이기도 했다. 그녀는 여행 중에 이상한 일이 일어날 때마다여행 기간 중 한두 번이 아니었다. "여기는 원래 이래요. 여러분이 이해할 수 있으면 좋겠네요."라고 말했다. 그녀는 우리가 그녀의 나라의 문화적 특징을 '다르게' 혹은 심지어 '이상하게' 보는 것을 인지하고 있었다.

우리가 버스를 타고 가던 중 한번은, 내 옆에 앉은 박 씨가 남한에 대해 물었다. 나는 그 질문에 흥분해서 모든 것들이 어떤 식으로 생겼는지 하나씩 묘사하고, 남한의 현대적인 문화에 대해 이야기했다. 또 내 핸드폰에 있는 옥탑방의 모습과 휘아와 찍은 사진, 홍대 거리 등을 보여줬다. 또 제주도 여행 사진을 보여줬더니 박 씨도 제주도를 알고 있다고 했다. 아니, 알기만 한 것이 아니라 박 씨에게도 제주도는 환상의 섬이었다. 나는 남조선에서 가장 하고 싶은 게 뭐냐고 물어봤고 그녀의 대답은 이랬다.

"미래의 남편과 결혼사진을 찍기 위해 제주도를 가고 싶어요."

이 답을 듣고 내 얼굴에 함박 웃음이 지어졌다.

'이건 딱 남한 사람이 할 법한 말인데?'

더 대화를 이어가고 싶었지만 안타깝게도 박 씨는 다른 업무를 하러 자리를 떠났다.

호텔에서 버스까지 걸어가는 길은 짧았지만 강렬한 인상을 남겼다. 쾌청한 하늘과 이른 황혼에 싸인 도시가 눈에 들어왔다. 마법에서 풀린 뒤 막이 걷힌 평양의 모습에 맺힌 아침 이슬은 신비로운 효과를 더했다. 대동강은 꽁꽁 얼어 있었는데 강 한 가운데서, 한 북한 주민이 얼음 구멍을 뚫고 낚시를 하고 있었다. 나에겐 너무 낯선 풍경이었다. 그 해 서울의 겨울도 혹독했

얼어붙은 대동강

지만, 그 때조차 한강이 완전히 얼어붙지는 않아서 강을 건널 수는 없었다.

나는 버스에 타자마자 제일 앞 좌석에 앉는 기회를 잡기로 했다. 가이드의 허락을 받고 앞 좌석에 앉으니 큰 창문으로 정면 풍경을 독차지할 수 있었다. 하지만 울퉁불퉁한 평양의 도로를 달리는 버스에서 카메라를 안정적으로 유지하는 것은 불가능에 가까웠다.

평양은 현대적이고 화려한 외관을 자랑하고 있었고, 차가 몇 대 지나다니지 않는 넓은 도로 위를 청소부들이 나무 빗자루로 깨끗이 청소하고 있었다. 대부분의 차들은 택시거나 중요한 군인 간부들이 탄 차량이었고 개인

직항은 없다

소유 자가용은 거의 혹은 아예 보이지 않았다.

첫번째 교차로에서, 갈색 털이 달린 파란색 제복을 입은 아름다운 숙녀가 눈에 확 들어왔다. 그녀는 무릎까지 오는 검은 장화를 신고 길가의 교통을 통제하고 있었다. 그 유명한 북한의 '교통보안원'이었다. 이 여성들은 주로 외모와 키, 높은 사회적 지위를 고려해 발탁되며, 북한 남성들뿐만 아니라 관광객에게도 인기가 많다.

버스가 빨간 신호등에서 기다리고 있었기 때문에 그녀의 행동을 자세히 관찰할 수 있었다.

"신호등이 점점 더 많은 교차로에 설치되고 있어요. 아무래도 교통보안원들의 일을 대체하고 있기 때문에 이들은 점차 사라질 거예요."

가이드의 말을 들은 나는 마지막일지 모르는 교통보안원들을 더 열심히 촬영했다. 몇 대 되지 않는 차들을 위해 신호등 밑에 서서 교통을 통제하

교통 흐름을 정리하는 교통보안원

는 교통 보안원들의 행동이 조금 코믹하게 느껴졌지만, 그럼에도 불구하고 사진 속 풍경은 아름다웠다. 서울에서도 가끔 집 근처의 교차로에서 교통을 통제하는 교통 경찰을 본다. 그들은 빨간 불에 질주하는 자동차들의 파도에 어려움을 겪고 있어 북한보다는 업무가 고되어 보인다.

만약 내가 한글을 읽지 못했다면, 평양에 어떤 가게들이 있는지 전혀 추측할 길이 없었을 것이다. 거리 위에 커다란 아치형 창문에 쓰여진 '안경'이라는 굵은 글씨가 눈에 들어왔다. 그 앞에는 코 위에 아름다운 안경을 쓰고 웃는 배우의 사진도, 안에 들어가고 싶은 마음을 들게 하는 어떠한 광고판도 없었고, 심지어 여기가 안경점이라는 것을 추측할 만한 일말의 단서도 제공되지 않았다. 서울 풍경과는 정말 대비되는 모습이었다.

신성한 무덤인 금수산 태양 궁전을 향해 가는 우리의 관광 버스는 사람들이 정어리들처럼 서로 뒤죽박죽 섞여 있는 트롤리 버스 뒤를 따랐다. 아무도 그 트롤리 버스에서 내리지 않았지만 더 많은 북한 사람들이 그 속에 비집고 들어가고 있었다. 나는 이 모든 사람들이 대체 어디로 향하는지 궁금했다. 나는 사실 트롤리 버스에 대한 로망이 있다. 트롤리 버스들은 오래된 것 같으면서도 도시적인 뭔가를 갖고 있다. 네덜란드에서는 아른헴Arnhem에서만 독특한 트롤리 버스를 볼 수 있다.

평양 트롤리 버스

첫 관광지, 금수산 태양 궁전

전 지도자 김일성과 그의 아들 김정일의 시신이 방부 처리된 묘지인 태양 금수궁전은 북한 사람들에게 가장 신성한 곳이기 때문에 지켜야 할 규칙이 많았다. 김 씨는 규칙을 설명해주었는데, 그 중 중요한 규칙 하나는 이 무덤을 방문할 때는 지갑도, 전화도, 카메라도 어떠한 것도 안에 들고 갈 수 없으며, 오직 눈물을 닦을 손수건 하나만을 소지할 수 있다는 것이었다. 다행

인지 아닌지 모르겠지만, 우리 일행 중 손수건을 가져온 사람은 없었다. 이 규칙은 우리 같은 관광객뿐만 아니라 검은 상복을 입은 북한 사람들에게도 적용되기 때문에 모두 무덤에 들어가기 전 물품 보관소를 거쳐야 한다.

물품 보관소에서 모든 소지품을 맡긴 후, 우리는 대형 금속 탐지기를 통과해야 했다. 내가 그 금속 탐지기를 문제없이 통과한 후 아버지가 통과하려는데 '삐' 소리가 홀에 울려 퍼졌다. 그 소리를 들은 모든 사람들의 시선이 아버지를 향했고 보안팀은 아버지를 철저히 수색하기 시작했다. 김 씨가 급히 우리를 구조하러 왔다.

"정말 주머니에 아무것도 없는 것 맞아요?"

"네, 확실해요."

주머니에서는 아무것도 나오지 않아 다시 금속 탐지기를 통과해 보라고 했는데 또 한번 '삐' 소리가 복도에 울려 퍼졌다. 보안팀에서는 이 '삐' 소리의 정체를 밝혀 내기 전까지 아버지를 보내줄 것 같지 않았다. 우리는 이것을 그렇게 심각하게 생각하지 않았지만, 북한 사람들에게는 이 신성한 무덤을 위해 어떠한 실수와 위험요소도 용납하길 원치 않았다. 이는 물품 보관소에

거대한 금수산 태양 궁전 입구

서부터 이미 충분히 느낄 수 있는 점이었다. 아버지가 셔츠를 벗자 드디어 '삐' 소리의 범인이 밝혀졌다. 그것은 아버지가 이 여행을 위해 특별히 구매한 새 셔츠의 가격표였다. 김 씨가 그 가격표를 떼어냈고 아버지는 무사히 금속탐지기를 통과할 수 있었다.

우리는 무덤으로 들어가는 터널의 입구에서 소독한 후, 김 씨의 뒤를 따라 첫번째 무빙워크로 걸었다. 왠지 그곳은 암스테르담 스키폴 공항을 연상시켰다. 무빙워크의 양쪽 끝에서 '발밑을 조심하세요.'라는 목소리가 나오는 걸 상상했다가 웃음이 터질 뻔 했지만, 금수산 태양 궁전 안에서는 웃음조차 허락되지 않기 때문에 꾹 참았다. 입밖으로 나오고 싶어 안달이 난 농담들을 애써 무시하면서 말이다.

무빙워크를 통해 들어가는 보행 터널의 벽에는 김일성과 김정일이 다른 국가 원수를 만나는 기괴한 분위기의 그림이 줄지어 걸려 있었다. 그 중 한 그림의 국가 원수가 누구인지 확실하지 않아서 물어보려는 순간 나는 첫번째 실수를 저질러 버렸다. 나는 손가락으로 사진을 가리키며 김 씨에게 저 남자가 누구인지 물었는데 그녀는 대답대신 '스읍-'하는 소리를 냈고 나는 깜짝 놀라 손을 내렸다. 그녀는 우리 그룹을 향해 목소리를 높여 말했다.

"다시 한번 말씀드리겠습니다. 이곳에서는 절대 지도자들을 향해 손가락질을 하지 않습니다. 만약 가리키고 싶은 것이 있다면 손바닥이 자신을 향하도록 손 전체를 사용해 가리키세요."

나는 살짝 죄책감을 느끼며 당분간은 입을 열지 않는 게 좋겠다고 생각했다. 이미 원만한 관계를 쌓은 박 씨와는 달리 김 씨에게 잘 보이려면 앞으로 갈 길이 멀어 보였다.

직항은 없다

이 무덤은 전 지도자들을 향한 찬미로 가득 차 있었다. 벽에 있는 작은 불빛들은 그들의 지도자들이 한반도 안에서 기차를 타고 이동한 모든 경로를 표시했다. 이것은 그들의 지도자들이 얼마나 북한 구석 구석의 사람들과 '좋은 관계'를 맺고 있는지 보여주고 있었다.

'그럼 네덜란드 지도는 커다란 전구와 같겠군.'

네덜란드의 수상을 잘 '미화'하기 위해서 지도를 만든다면 어떤 모습일지 상상하며 혼자 조용히 히죽거렸다. 네덜란드의 철도망은 거대한 거미줄과 같기 때문이다.

다음 방에는 쿠바, 중국, 구소련과 같은 공산주의와 관련된 다른 국가원수들로부터 받은 트로피와 선물들이 있었다. 그 방을 지나 마침내 관이 있는 방에 도착했다. 우리는 소독을 받고, 더 적은 인원으로 나눠졌다. 방에 들어가자 심장이 요동치기 시작했다. 불과 몇 미터 떨어진 곳에, 뉴스와 영화에서 본 전 지도자들, 그 사내들이 유리 상자 안에 실제로 누워있었다. 계속 말하지만 이건 정말 비현실적인 경험이었다.

우리는 4명씩 한 줄로 서서 그들의 발 끝에 고개를 숙여 인사를 한 후, 똑같이 왼쪽과 오른쪽에도 인사를 해야 했다. 빠른 걸음으로 움직여서도 안 된다. 무장한 군인들이 방의 어두운 구석에 조용히 서서 모든 것을 지켜보고 있었다. 이 '굽힘'은 나의 원칙에 어긋나지만, '존경'의 차원에서 그 요구에 순종하며 불필요한 대립을 피했다. 앞으로 고개를 숙일 일이 더 많을 테니 차라리 빨리 적응하는 것이 오히려 편할 테다.

마침내 이 모든 과정이 끝이 나니 속이 후련했다. 방 밖을 한번 더 보니 북한 사람들이 손수건을 들고 울며 나오고 있었다. 이 장면은 주로 TV에서

만 보던 비현실적인 장면이었지만, 내 눈 앞에서 생생한 현실로 일어나고 있었다. '다 가짜로 꾸며낸 거야.'라는 말을 인터넷에서 많이 봤는데 직접 본 내가 말할 수 있는 건, 그들의 눈물은 분명한 진심과 약간의 습관이 합쳐졌다는 것이다. 적어도 나는 이렇게 생각한다. 북한 사람들은 많은 것들을 알지 못하고, 그들에게 있어 지도자는 일종의 신, 신앙이다. 또 이곳 평양은 북한 정권에 가장 충실한 사람들이 사는 곳이라는 사실을 잊지 말아야 한다.

하지만 여전히 북한 사람들의 머릿속에 일어나고 있는 일들은 내게 미스터리이다. 평양에서 온 북한 친구들은 말하길, 관광객들이 그곳에 있든 없든 북한 사람들은 그 무덤을 방문했고, 사람들이 우는 것도 연기가 아니라 진실된 눈물이라고 말했다.

금수산 태양 궁전 앞에서 아버지와 함께

직항은 없다

무덤 밖에서는 잠시 휴식 시간을 가졌다. 우리는 자유롭게 구경하며 건물의 사진을 찍을 수 있었다. 박 씨는 지역 주민들의 사진을 찍어도 괜찮지만, 먼저 친절하게 물어보라고 당부했다.

"그들은 지금 격식 있는 옷을 입고 있기 때문에, 아마도 호의적으로 답할 것입니다."

박 씨가 말했다. 내 유튜버 동지인 그 젊은 스웨덴 여성은 이 말을 듣기도 전에 이미 현지 북한인들을 허락도 없이 촬영하고 있었고 또 막무가내로 일행에게 카메라를 얼굴에 들이밀며 질문을 퍼붓고 있었다. 사람들이 찌푸리며 손을 내저으면, 그녀는 뻔뻔스럽게도 다음 희생자를 찾아 떠났다. 그 다음 희생자는 나의 아버지가 당첨되셨다. 아버지는 그녀의 행동이 마음에 들지 않는다는 것을 친근하면서도 확실한 방법으로 말씀하셨다. 일행 사이에서 그녀를 향한 불만이 커져 가서, 언제 언성이 높아져도 이상하지 않았다. 하지만 김 씨와 박 씨는 그녀가 찍고 있는 '행복한 북한 브이로그'가 북한의 이미지에 좋을 거라 생각했는지, 어떠한 제지도 하지 않았다.

버스로 돌아왔는데, 우리는 혼잡해진 도시에 깜짝 놀랐다. 거리는 활기를 띠고 있었고, 차들도 훨씬 많았다. 심지어 부분 부분 교통체증이 생길 정도였다. 박 씨는 2015년부터 평양의 교통량이 증가해왔고, 심지어 아침 저녁엔 '러시아워' 현상이 나타난다고 말했다.

눈을 두리번거리니 눈이 닿는 모든 곳에 새해 장식이 걸려 있었고, 도시는 떠들썩하게 새해 맞이를 준비하고 있었다. 이번 여행의 하이라이트가 될 전례 없는 엄청난 깜짝 새해 맞이 공연을 위해서였다. 북한 당국 또한 이런 행사를 계획한 적은 처음이라 했고 그 약속이 꽤 유망해서 우리의 기대감도 부풀어가고 있었다.

　반면에 중간에 들린 만수대 분수공원에는 새해 맞이 장식을 찾아볼 수 없었다. 휴식을 취하며 아름다운 물줄기를 즐기는 사람들로 붐벼야 할 이곳엔 사람도, 물도 없었다. 아마 이 매서운 추위 때문이리라. 현지인들의 발걸음조차 끊긴 이 공원을 걷는 것이 그다지 매력적으로 느껴지지 않았지만, 가이드들은 우리가 반드시 이 텅 빈 분수를 꼭 봐야만 하는 것처럼 우리를 데리고 다녔다.

　이때 갑자기 한 북한 남자가 거대한 카메라를 들고 버스에서 뛰어내렸다. 이 순간부터 이 남자는 나와 아버지를 포함한 우리의 모든 북한 여행을 계속 촬영했고, 여행 마지막에는 북한식으로 훌륭하게 편집된 북한 여행

만수대 분수공원에서 카메라맨과 아버지

직항은 없다

DVD를 팔았다. 놀이공원에서 롤러코스터를 타며 웃긴 표정을 짓는 사람들의 사진을 파는 것처럼 말이다.

우리는 나중에 이 DVD를 구매했는데 참 북한스러워서 살 가치가 분명 있었다. 그러나 덜 유쾌한 사실은 2년 후, 평양에서 공부한 적이 있는 프랑스 친구가 말하길 이때 촬영된 내 얼굴이 평양의 스크린 중 하나에 나타났다고 알려준 것이다. 나는 이 사실에 대해 전혀 알 길이 없었다.

내가 북한에서 저지른 실수

    우리는 금수산 태양 궁전 못지 않게 신성한 다음 목적지에 내렸다. 광활한 광장을 가로질러 걸어가면 높이가 22m인 두 지도자의 따뜻한 환영을 받을 수 있는 곳이다. 평양 위로 팔을 뻗고 오픈 코트를 입은 지도자 김일성과 옆에 있는 그의 아들 김정일이 있는 이곳은 바로 '만수대대기념비'라고 알려져 있다.

만수대대기념비

두 동상 뒤에는 모자이크 기법으로 그려진 거대한 백두산 벽화가 있는데, 백두산은 남한과 북한 양쪽 모두에게 신성한 산으로 여겨진다. 지도자의 양쪽에는 항일혁명투쟁과 사회주의혁명 당시 투쟁했던 군인, 노동자, 농민으로 구성된 기념비 2개가 나란히 있었다. 김 씨와 박 씨에 따르면, 기념비에 새겨진 사람들은 모두 실제로 존재했던 사람들을 재현한 것이라고 했다. 이곳에 서 있으니 서울의 전쟁기념박물관 앞마당에 있는 조형물이 생각났다. 그 조형물 또한 한국 전쟁 시기에 자유와 평화를 위해 투쟁하고 자신을 희생한 다양한 사회 계층의 남한의 애국 영웅들이 표현되어 있다.

그 광장은 아름다운 결혼 사진을 찍으려는 신혼부부들로 가득했다. 그들은 가급적이면 뒤에 지도자들이 잘 나올 수 있는 장소를 선점하려 했다. 남편은 몸에 잘 맞는 수트를, 아내는 노란색, 빨간색 등의 밝은 색이 들어간 아름다운 전통 한복을 입고 있었고, 사진 작가와 친척들은 그들이 적당한 포즈를 취하도록 유도하고 있었다. 그 신혼부부들 뒤에는 많은 사람들이 지도자들 동상에 절을 하러 오고 가며, 꽃을 발치에 놓았다.

이제 우리 일행의 차례가 되었다. 우리는 동시에 지도자들에게 고개를 숙였다. 나는 지도자 동상과 함께 기념 사진을 찍으려고 했는데 여간 쉬운 일이 아니었다. 지도자들과 사진을 찍을 수는 있지만 사진의 그들의 몸이 잘려서는 안되고 몸 전신이 사진에 담기도록 촬영해야 했다. 첫 번째 시도는 사진 속 지도자들의 머리가 잘려서 실패로 돌아갔다. 두 번째 시도에서 박 씨는 내게 소리쳤다.

"바트, 사진을 찍을 땐 모자를 쓰면 안 돼요!"

네 번째 시도

모자를 벗은 세 번째 시도였다.

"바트, 주머니에서 손 빼세요!"

이번에는 김 씨가 소리쳤다. 네 번의 시도 끝에 나는 다행히 사진을 찍을 수 있었다. 우리가 사진을 찍는 사이 일행은 벌써 버스를 향해 천천히 걸어

직항은 없다

가고 있었다. 그들과 합류하기 위해 전력질주를 하려는데 또 다시 내 이름이 불렸다.

"오, 바트! 여기서는 전력질주를 하면 안 됩니다. 여유로운 속도로 뛰어야 해요!"

모든 규칙들을 들을 때는 쉬워 보이지만 막상 그 순간이 오면 잊어버리기 쉽다.

유튜브 촬영도 쉽지 않았다. 김 씨와 박 씨는 늘 우리가 목적지에 도착하자마자 설명을 시작했고, 우리 일행은 항상 그녀들 주위로 원을 그리며 서 있었다. 설명이 끝나면 아주 짧은 시간 동안 촬영할 수 있었는데, 어쩔 땐 그럴 시간조차 없이 바로 다음 목적지로 가기 위해 버스를 타야 했다. 가이드의 설명을 들을 때는 옆에 지나가는 사람들, 건물들, 가게들, 식당들, 혹은 자동차들 같은 거리 풍경을 제대로 볼 수가 없었고, 오로지 버스나 기차 안에서만 밖을 온전히 바라볼 수 있었다. 나는 우리가 거리 풍경을 너무 자세히 둘러보는 것을 막기 위해 이렇게 투어가 구성된 것 같다는 느낌을 받기도 했다. 그래서 나는 가이드들의 설명에 귀 기울이는 것을 줄이고 살짝 거리를 두기로 마음을 먹었다.

여행 1년 반 뒤에 나의 탈북자 친구가 평양에서 온 다른 탈북자 친구를 소개해줬다. 우리는 함께 내가 평양에서 찍은 사진들을 보며 이야기를 나눴는데, 그녀는 그녀가 탈출한 평양 사진들을 보고 부러움을 표했다. 그녀는 여러 번 "부럽다…" 하고 되뇌다가 이렇게 덧붙였다.

"만약 그때 그 건물 뒤를 봤다면, 북한의 진짜 모습을 볼 수 있었을 거야."

나는 그녀의 말에 놀라 귀를 기울였다.

"네가 본 것들이 거짓이라 할 수 없지만, 그 건물 뒤에 숨겨져 있던 것들을 보지 못한 것은 사실이야."

그녀가 살았던 집은 내가 걸었던 그 거리에서 10분도 채 되지 않는 거리에 있었다. 그녀가 탈출한 곳과 얼마 떨어지지 않은 장소에서 찍은 사진을 남한에서 그녀와 함께 보는 상황이 참 이상하게 느껴졌다.

신혼부부와 사진을 찍어도 될까요?

김일성 광장에서 본 주체 사상 탑

김일성 광장에는 군사 퍼레이드가 벌어지고 있지 않았지만, 많은 사람들이 바쁘게 새해 맞이 행사를 위한 장식, 특히 새해 전야 행사에 전시될 얼음 조각품들을 열심히 만들고 있었다. 바닥을 내려다보니 번호가 적혀 있는 수천 개의 하얀 점들이 있었는데 이 점들을 보고 북한 주민들이 김일성 광장

집회 때 어디에 서 있어야 하는지 알 수 있는 것 같았다.

대동강과 인민대학습상 사이에 자리하는 광활한 김일성 광장은 TV보다 훨씬 더 웅장했고, 그들의 이데올로기가 사방으로 팽창하는 느낌을 주었다. 우리는 광장을 조심스럽게 가로질러 갔다. 우리 일행은 설명할 수 없는 분위기에 압도되어 말을 잃었다. 바닥에 있는 모든 숫자들과 하얀 점들로부터 무언가 섬뜩하고 심오한 느낌을 받았는데 이 느낌은 곧 평양을 배경으로 연주되기 시작한 신비로운 차임 벨 소리로 더욱 증폭되었다.

20초 후 소리는 멈췄고 우리는 이 압도적인 정부 건물들 사이에 덩그러니 서 있었다. 그 광장의 끝에 걸려있는 김일성과 김정일의 초상화가 또 한번 우리를 내려보고 있었다. 카를 마르크스와 블라디미르 레닌의 초상화가 이곳 어딘가 걸려있다는 것을 알고 있었지만, 분위기에 압도된 나는 감히 물어볼 수가 없었다.

우리는 광장을 지나쳐 영어 책들이 가득한 외국 서점 안으로 들어갔다. 그 안에는 영어로 된 선전 책들과 포스터들이 가득했다. 한국에서도 유명한 〈아리랑〉과 같은 전통 민요 혹은 어린이를 위한 만화 영화 등이 담긴 CD와 DVD가 있었다. 특별한 기념품이지만 집에 DVD나 CD 플레이어가 없어 살지 고민이 됐고, 또 영어로 된 북한 책을 사고 싶진 않았다. 고민하던 나는 계산대로 성큼성큼 걸어가 직원에게 한국어로 말을 걸었다. 그녀는 깜짝 놀라 나를 쳐다보았지만 이내 웃으며 무엇을 찾는지 물었다.

"조선어로 된 책도 있나요?"

나는 눈을 반짝이며 되물었다.

외국 서점(외국문책방)　　　　　　　　　　외국 서점 내부

"잠깐만요."

역시 일단 물어보고 봐야 하는 거다. 뒤쪽 창고로 들어간 서점 직원은 한참 후에 책들을 한아름 갖고 나왔다. 그녀는 자랑스럽게 조선 역사 3부작 시리즈와 몇몇 연재 만화책을 보여주었다.

"이거 다 주세요!!"

나는 다급히 소리쳤다. 그게 무슨 책이든 간에, 북한 말로 쓰여 있다면 무조건 갖고 싶었다. 가격도 영어책보다 훨씬 착했다. 그 책들은 전부 다 해서 10달러였는데, 그 돈이면 영어책 한 권을 살 수 있었다.

북한에 방문한 관광객들은 다양한 화폐로 기념품을 살 수 있다. 유럽의 유로, 중국의 위안, 미국의 달러를 사용할 수 있는데 나와 아버지는 가장 잘

쓰일 것 같다고 생각한 달러를 넉넉히 준비해왔다. 북한에서 환전은 불가능했고, 북한 사람들이 사용하는 북한 원화는 북한 사람들만 사용할 수 있었다.

서점에서 버스로 가는 길에 남한의 복권 가게와 비슷하게 생긴 작은 상점이 눈에 들어왔다. 두 명의 북한 사람이 과자와 물 한 병을 사고 있었다. 나도 해 보고 싶어서 그쪽으로 몸을 틀어 걸음을 디디려는데 박 씨가 나를 제지했다.

작은 상점

직향은 없다

"저곳에서는 북한 원화로만 결제할 수 있습니다."

또 박 씨는 저런 소매상점에서는 외화를 받을 수 없다고 덧붙였다. 그 말은 여기서 우리가 원하는 상점에서 북한산 물건을 살 기회가 없을 거라는 말이 아닌가!

"말도 안 돼!"

예상대로 우리가 방문한 상점들은 그들이 관광객들을 위해 신중히 엄선한 장소들이었다. 이 또한 북한에 있지만 진짜 북한을 경험할 수 없는 가장 대표적인 비현실적 체험이 아닌가 싶다. 나는 실망하며 버스에 올랐다.

버스는 바로 출발하지 못했다. 파란 패딩의 유튜버가 도착하지 않아서 박 씨가 김 씨와 찾으러 다녀오겠다고 했다. 그동안 버스 안에서 모두가 기다리고 있었는데 창문 밖 주차장에서 마침 한 신혼부부가 사진을 찍고 있었다. 나는 이 기회를 놓치고 싶지 않았다. 나는 그들을 보자마자 결혼을 축하해 주기 위해 버스에서 뛰어내렸다. 그리고 정중하게 물었다.

"사진 한 장 같이 찍을 수 있을까요?"

신혼부부가 머뭇거리는 사이 사진사가 좋다고 대답했는데, 왠지 이 상황을 이용해 외국인과 추가 사진을 찍으려 했던 것 같았다. 박 씨가 멀리서 이 상황을 보고 재빨리 달려왔다. 이 천방지축 네덜란드 소년이 갑자기 카메라를 들고 버스에서 뛰쳐나와 북한 부부와 사진을 찍어 달라고 할 줄 알았겠는가. 엎친 데 덮친 격으로 길거리를 청소하던 청소부 아주머니가 이 소동에 참여했는데 갑자기 사진사에게 팁을 주는 것처럼 보였다. 아주머니는 이 부부와 전혀 관련이 없어 보였는데 말이다. 하지만 해결사 박 씨는 나의 충

신혼부부와 함께 찍은 사진

동적인 개인 행동에도 꽤 여유 있게 상황과 소동을 즐겼고, 심지어 박장대
소를 하며 사람들과 대화를 나눴다. 아버지도 궁금하셨는지 이 소동을 즐기
러 버스에서 나오셨다. 처음에 내가 갑자기 버스에서 뛰쳐나갔을 때는 당황
하셨지만 상황이 부드럽게 바뀌자 안심하신 듯 보였다. 모든 소동이 끝나고
마침내 나는 신혼부부와 함께 이 멋진 사진을 찍을 수 있었다.

직항은 없다

옥류관에서 맛본 평양냉면

우리 일행은 대동강변에 있는 유명한 식당인 옥류관으로 점심을 해결하러 갔다. 옥류관은 평양의 유명한 식당으로 2,000명 이상의 북한 주민을 수용할 수 있다. 주차장은 차들로 가득 차 있었고, 인파는 놀라웠다.

"여긴 맛집이 아닐 수 없겠군."

일행들은 농담하며 웃었다. 여행 분위기가 이전보다 여유로워졌기 때문에 나는 좀 더 과감하게 카메라로 촬영하고 있었다. 우리는 북한 사람들로 가득 찬 옥류관의 메인 홀로 걸어 들어갔다. 손님들 중 절반은 여전히 음식을

옥류관 건물

기다리고 있었고 이곳의 실내도 꽤 추워서 모두가 겨울 코트를 입고 있었다. 우리 일행은 들어가자마자 쏟아진 북한 손님들의 시선을 받으며 우측의 관광객들을 위한 프라이빗 룸 안으로 안내되었다. 드디어 때가 왔다. 평양에서 옥류관 냉면을 먹을 시간이다.

냉면은 차가운 면 요리인데, 북한에서는 '랭면'으로 쓰인다. 북한식 냉면은 살얼음 없이 제공된다. 원래 겨울철 음식이라지만 내가 알기로는 남한에서는 여름에 가장 많이 먹는다. 나는 냉면을 그렇게 좋아하지 않았지만 이제는 조금 즐길 수 있게 되었다. 반면에 내 아내 휘아는 냉면을 너무 좋아해서 가끔 북한 사람들이 그들의 지도자들을 찬양하듯이 냉면을 찬양한다. 냉면을 향한 자부심과 이데올로기로 가득 찬 그녀의 반짝거리는 눈빛을 보면 그녀가 나보다 냉면을 더 사랑하는 건 아닌지 의심이 들 정도이다.

평양 냉면

직항은 없다

음식이 나오기 전에, 나는 다른 두 명의 일행들과 함께 그 식당을 구경했다. 우리는 메인 홀로 조심스럽게 걸어갔는데 큰 셰프 모자를 쓴 엄격한 여성이 카메라를 보고 당황한 얼굴로 우리를 제지했다. 박 씨가 우리에게 화장실이 있는 복도에 가도 된다고 한 일로 식당 직원과 가이드들 사이에 빠른 설전이 벌어졌다. 결과는 식당 직원의 승이었고, 가이드들은 그들에게 사과했다.

"별 문제가 되지 않을 거라고 생각했는데, 식당 측에서는 우리가 이곳을 촬영하거나 돌아다니길 원치 않다고 합니다."

무엇이 허용되고 무엇이 허용되지 않는지 토론하는 상황은 이 여행 동안 익숙한 시나리오가 되었고, 우리 가이드들은 항상 다른 북한 사람들을 설득하는 위치에 있었다. 우리가 이 여행에 익숙해지면서 우리에게 더 많은 자유가 주어졌고 영화나 다큐멘터리에서 보았던 것 보다 분위기가 더 '개방적'인 듯했지만, 그것이 모든 현장에서 적용되지는 않았기 때문에 이런 상황은 꽤 자주 일어났다.

제일 처음으로 식탁 위에 올라온 녹두전은 완벽하게 나의 입맛을 돋웠다. 다음으로 나온 냉면은 얼음 없이 큰 그릇에 담겨 있었고 그 위에 작은 돼지고기, 닭고기, 소고기 조각이 얹혀져 있었다. 심플하게 생긴 만큼 맛도 참 심플했다. 나는 북한식 냉면이 남한식 냉면보다 훨씬 입에 맞았다. 이번만큼은 북한의 승이다. 나는 원래 싱겁고 심플한 맛을 더 선호하기 때문이다. 남한식 냉면은 달콤하고 상큼한 맛을 가지고 있어서, 식사보다는 디저트 같은 느낌을 준다. 다만 내게 선택권이 주어졌다면 뜨거운 면 요리를 골랐을 것이다. 나는 추운 날씨와 차가운 음식의 조화가 아직도 이해가 되지 않는다. 겨울에 차가운 커피를 마시거나 아이스크림을 먹는 것 말이다. 이건 네덜란드인이라 그런 걸까? 아니면 나의 개인 취향인 걸까?

나의 냉면은 점점 바닥을 보이고 있었지만 내 옆에 계신 아버지는 여전히 젓가락과 사투를 벌이고 계셨다. 젓가락질이 익숙해진 지 너무 오래 되어 젓가락을, 특히 한국식 젓가락을 자주 쓰지 않는 사람에겐 어려울 수 있다는 것을 잊고 있었다. 나는 포크와 스푼을 제안했지만 아버지는 완강하게 이 두 막대기를 지배하길 고집하셨고 결국 성공하셨다. 면도 다 사라졌고, 국물도 사라졌으니 말이다.

젓가락질에 너무 집중하느라 음식을 충분히 즐기지 못했을까봐 걱정했지만, 사실 젓가락이 있든 없든 아버지는 냉면이 별로 입에 맞으신 것 같아 보이지 않았다. 내가 냉면이 어땠는지 물어봤을 때 아버지는 그냥 '괜찮다'라고 하셨고 그게 끝이었기 때문이다.

얇고 납작하고 무거운 쇠 재질의 한국 젓가락은 처음에 사용하기가 정말 어렵다. 마음 놓고 이 한국 젓가락들을 사용하기까지 몇 년이 걸린 것 같다. 오랜 시간 동안 나는 이 젓가락들을 한번 쥐면 식사가 끝날 때까지 내려 놓지 못했다. 다시 손에 제대로 쥐려면 고도의 집중력이 필요하기 때문이다.

충격적이었던 북한의 공용 화장실

우리 일행은 냉면으로 배를 채운 뒤 '레트로' 트롤리 버스를 타기 위해 평양역에 도착했다. 드디어 평양의 트롤리 버스를 타고 평양 시내를 누빌 시간이 온 것이다. 이 트롤리 버스는 1962년 4월 김일성의 50번째 생일날 평양에 처음 등장했는데, 이 버스를 보자마자 '레트로'라는 말이 농담이 아니라는 것을 알게 될 것이다. 버스의 외관 왼쪽에서 오른쪽으로 붉은 별 수십 개가 그려져 있었는데, 나중에 박 씨가 말하길 이 별 하나하나가 사고 없이 탄 5만 킬로미터를 의미한다고 했다. 그럼 이 별들을 모두 다 세어보면 어마어마한 거리가 된다. 이 별들은 버스 반대편에도 꽉 차 있었으니까!

레트로 트롤리 버스로 가는 길(평양역 앞)

트롤리 버스

트롤리 버스 옆의 작은 노점

트롤리 버스 앞에는 명랑한 여점원이 맛있는 음식을 파는 노점이 있었다. 음식은 정리가 잘 되어 있었고, 진열대는 입고된 지 얼마 되지 않았는지 부스가 가득 차 있었다. 소시지, 버거, 그리고 다른 맛있어 보이는 분식들이 보였지만, 북한 손님들은 없었다. 평양에서 온 내 북한 친구는 햄버거를 먹어본 적이 없다고 했기 때문에 나는 이 노점에서 판매되는 것들을 신기하게 관찰했다.

트롤리 버스를 타고 가는 중, 나는 급하게 화장실을 가야 했다. 차분히 창 밖을 바라보려고 했지만 불가능했고 종착지에 어서 도착하기만을 간절히 기다렸다. 종착지는, 파리의 개선문을 본떠 지어졌지만 높이는 10m 더 높은 평양의 개선문이었다. 김 씨는 이 사실을 자랑스럽게 강조했다. 이 개선문은 독립 투쟁에서 김일성의 역할을 기리고 미화하기 위해 그의 70번째 생일에 지어졌으며, 개선문을 이루고 있는 25,500개의 하얀 화강석 조각들은 70년 동안 그가 살아온 날들을 의미한다. 북한 사람들은 지도자들에 대한 숫자에 집착하는 경향이 있다.

"저 화장실에 가도 될까요!?"

개선문에 도착하자마자 다급하게 박 씨에게 물었다.

"음… 어디로 가야 하는지 알려드릴게요. 빨리 다녀올 수 있죠?"

박 씨가 걱정스러운 목소리로 말했다. 나는 박 씨가 알려준 전기가 들어오지 않는 어둡고 차가운 화장실로 걸어 들어갔다. 즉시 좌식 화장실을 찾아보려 했지만 어디에도 없었다. 문이 잠기지 않는 칸막이들 안에 재래식 변기들이 있었고 어떤 칸막이는 들어갈 수조차 없었다. 다급히 벽에 붙어있는 입식 변기에 소변을 보는데 발 밑에는 옆의 세면대에서 넘쳐흐르는 물이 웅덩이를 이루고 있었다. 즐거운 광경도, 적절한 선전도 아니었다. 이 장면 또한 비현실적이었다.

내가 다시 일행에 합류했을 때 나의 얼굴은 여전히 충격에 사로잡혀 있었다. 박 씨는 내게 다가와 미안한 목소리로 이곳은 관광객을 위한 화장실이 아니고 평양 주민들만 이용하는 곳이라고 말했다.

"보통 관광객들은 이 화장실을 볼 수 없어요."

현실을 숨기는 것이 세상에서 가장 자연스러운 일인 것처럼 말이다.

남포에서 겪은 첫 번째 정전

넓고 텅 빈 도로

    개선문에서 다시 우릴 태운 투어 버스는 청년영웅도로를 타고 평양 남
서쪽에 위치한 북한 제2의 항구도시 남포로 향했다. 수도 밖에는 자동차들
이 거의 다니지 않는데도 이 도로는 굉장히 넓었다. 이따금 빠른 속도의 차
가 우리를 지나쳐갔고, 꺾인 나뭇가지 더미를 실은 자전거 몇 대 만이 느리

직항은 없다

게 도로 옆을 달릴 뿐이었다. 지금은 일반 도로로 위장되어 있지만 평양이 공격받았을 때를 대비해 탱크 사단의 방어선으로 사용되기 위해서가 아닐까? 울퉁불퉁한 길로 흔들리는 버스는 졸린 분위기를 자아내고, 아버지는 버스에서 꾸벅 꾸벅 잠에 들었다.

버스는 북한의 모범 농장 중 한 곳에 정차했다. 그곳에서 우리 일행은 폴로네즈단체로 어깨에 손을 올려 추는 폴란드 전통 춤를 추며 채소밭을 구경했다. 온실은 최상의 상태였고 시각적으로도 꼼꼼하게 관리되고 있었다. 괜히 모범농장 혹은 '쇼'를 위한 농장이 아니다. 전국 최고의 농장이라는 뜻이다.

전국 최고의 농장

모범 농장에서 일하는 북한 농민들

청산리 농법을 가르치는 김일성

온실 밖에서는 아줌마들이 건초를 쌓아 올리거나 손으로 우물에서 물을 끌어올리고 있었다. 이 여성 농민들의 사진을 찍고 싶었지만 박 씨로부터 찍지 말라는 부탁을 받았다.

이 농장 주인의 아내는 김일성이 1960년 방문했을 때를 자랑스럽게 설명하면서, 그가 알려준 농업 생산을 강화하고 증가시키는 청산리 농법을 소개했다. 그녀의 이야기를 보충하듯 김일성이 자상한 아버지처럼 농부들에게 농법에 대해 가르쳐 주고 있는 인상적인 선전 그림이 걸려있었다. 이제 겨우 북한에서의 첫날인데, 지도자 미화는 이미 몇몇 사람들을 질리게 만들고 있었다.

버스를 향해 걸어가는 길에 김 씨가 보여 북한의 데이트 문화에 대해 물어볼 기회를 포착했다.

"북한에서는 연인을 어떻게 만나나요?"

김 씨는 이 질문을 듣고 웃으며 북한에선 짝을 이루는데 가족이 영향을 많이 끼친다고 말했다. 나는 남한에서 친구들이 서로의 지인을 데이트 상대로 소개해 주는 '소개팅'이 생각난다고 말했다.

"오, 그게 바로 그거에요."

그녀가 킥킥거렸다. 김 씨는 실패한 연애를 몇 번 겪었고, 좋은 사람을 만나길 간절히 기다리고 있다고 말했다. 나는 그녀의 솔직함이 꽤 신선하게 느껴졌다. 이미 알고 있었지만 우리는 체제에 관련된 것이 아니면 무엇이든지 말할 수 있었다.

우리는 남포 주변의 대동강과 서해 사이를 가로지르는 8km 길이의 제방 서해 갑문에 도착했다. 그 댐은 바닷물이 담수로 들어가는 것을

남포 갑문에서 보는 석양

막고 있고 수천 명의 군인과 민간인들이 그 건설에 기여했다고 한다. 네덜란드의 바닷물과 담수를 분리하는 거대한 제방인 '아프슬라위트데이크 Afsluitdijk'가 떠올랐다.

제방을 반쯤 올라간 후 우리는 작은 섬에 내려서 이 제방의 영웅적인 건설담을 설명하는 영화 한 편을 봐야 했는데, 영화가 시작되기도 전에 갑자

기 전기가 나가버렸다. 우리 일행은 모두 웃음이 터져버렸다. 우리의 여행 안내 책자에 '정전은 북한에서 정기적으로 일어나는 일'이라고 적혀 있었기 때문이다. 그것은 우리가 경험한 첫 번째 정전이었고 이 정전이 언제 다시 일어날지는 아무도 모르는 일이다.

눈 쌓인 남포 바다

하루의 마무리는 평양 소주와

어둠이 내리고 버스는 다시 평양으로 향했다. 아버지와 나는 이때 북한의 첫인상에 대한 이야기를 나눴다. 여행 가이드는 우리가 무슨 이야기를 하나 궁금한 듯 귀를 기울였지만, 네덜란드어를 이해하기란 역부족이었다. 까만 밤 길에 종종 버스 앞으로 뛰어드는 사람이 보였고, 나는 걱정스러운 마음에 김 씨에게 물었다.

"사고가 많이 날 것 같아요."

김 씨가 대답했다.

"아니요. 도로 위는 완벽하게 안전합니다. 저는 단 한번도 사고가 났다는 걸 들어본 적이 없어요."

나와 아버지는 어리둥절하며 서로를 쳐다봤다. 김 씨는 재빨리 주제를 바꾸려 일행을 향해 노래방을 좋아하는 사람이 있냐고 물었다.

"저요!"

버스 뒷좌석에서 누군가 외쳤다. 반짝이는 파란색이 깡충깡충 뛰어와 마이크를 잡았다. 김 씨는 해 질 녘 시간에 어울리는 감미로운 노래를 기대했을 테지만 안타깝게도 이런 자리에서 누구보다 먼저 나설 사람은 관심 받기 좋아하는 스웨덴 여자뿐이었다. 첫 만남부터 미운털이 박힌 그녀가 어떻게 또 분위기를 망칠지 사람들은 심드렁한 얼굴로 그녀를 바라보았다. 그녀는 자기가 만든 자작곡이라며 한국어 노래를 부르기 시작했다. 제목은 '나는 남자친구가 없어요'였다. 한국어로 자작곡을 만든 점은 존경할 만 하나 곡에 대한 평가는 그 자리에 있던 일행들의 마음 속에만 남겨두도록 하자. 그녀의 의도가 우리의 잠을 깨우는 것이었다면 그래, 제대로 먹혔다.

어두워진 남포에는 이따금씩 희미한 조명이 켜진 콘크리트 선전벽들이 지나갔는데, 그 벽에는 인상적이면서 또 위압적인 그림들이 그려져 있었다. 누구라도 '이것은 선전이 분명하다'라는 느낌이 들 정도의 위압감이었다. 거대한 벽과 넓은 도로 밖에는 우리가 알지 못하는 세계가 도사리고 있을 것이다. 그 세계는 바로 옆에 있으나 우리는 그 세계에 결코 다가갈 수 없다. 언젠가 휘아와 둘이서 자유롭게 북한 풍경을 즐길 수 있는 날이 오길 바랄 뿐이다.

버스는 북한의 치킨과 햄버거를 먹을 수 있는 음식점에 도착했다. 나는 여행할 때 항상 그 나라의 현지 음식을 먹는 것을 선호하지만, 유일하게 북한에서는 내 원칙을 내려놓고 햄버거를 먹어보고 싶었다. 북한 햄버거는 어떤 맛일지 정말 궁금했기 때문이다. 햄버거의 맛은 나쁘지 않았지만, 긴 일정이 끝났을 때라서 무엇을 먹어도 맛있게 먹었을 것 같다.

북한 햄버거

나는 잠시 가이드와 일행들과 떨어져 있기 위해 화장실에 간다는 핑계를 댔다. 화장실에서 나와 복도를 걸으며 촬영하는데 복도 끝에서 노래방 스피커를 통해 북한 아저씨의 목소리가 울려 퍼졌다. 북한의 민요를 힘차게 부르고 계신 듯 보였다. 모두 즐거운 시간을 보내는 것이 남한의 노래방과 비슷한 분위기가 느껴졌다.

또 다른 출입구가 보여 들어갔더니 주방이 나왔다. 한 여자 주방장과 다른 직원들이 나를 보고 깜짝 놀라며 카메라를 꺼 달라고 부탁했다. 나는 카메라를 끄고 문간으로부터 1m 이상 허용되지 않는 부엌을 둘러보았다. 여기 저기 다듬어진 야채들이 있었고 시설은 많이 사용되지 않은 듯 깨끗해 보였다. 그 여자 주방장은 우리의 음식이 다 조리되었다고 말했고 나는 그녀에게 칭찬의 말을 건넸다. 그녀는 웃으며 내게 감사하다고 말했다. 이럴 때일수록 나의 한국어가 부족해 더 좋은 대화를 나눌 수 없었던 것이 후회된다.

이렇게 하루가 끝나나 싶었는데, 서비스 일정으로 '대동강 외교단 회관'에 갈 수 있었다. 일행은 이미 며칠 동안의 여행으로 매우 지친 상태였지만 서비스 일정에 만장일치로 찬성했다. 외교단 회관, 참으로 세련되고 국제적으로 들리는 단어였다. 아마 실제로 외교관들을 위한 장소일 것이다. 배가 부른 우리는 김 씨를 따라 외교단 회관 입구를 통과했는데 안에 들어서자 커다란 세계지도가 우리를 맞이했다. 이 세계지도의 중앙에는 한반도가 있었는데 남북의 구분 없이 마치 한 나라처럼 붉은 색으로 빛나고 있었으며, 평양을 '조선'의 수도로 삼고 있었다. 건물 안에는 수영복 상점과 노래방 기계가 있는 룸 몇 개, 탁구대와 카드 게임 테이블들이 있었다. 그들을 지나치자 당구대 6대가 놓인 당구장에 도착했는데 그 구석에 커다란 소파와, 가장 중요한 바가 있었다.

이 바에는 유명한 벨기에의 크릭 맥주와 덴마크의 칼스버그 맥주가 있었다. 고려투어 가이드가 여기에 하이네켄이 있을 거라 했지만 보이지 않았다. 유명한 브랜드의 맥주들도 좋지만 북한까지 와서 이 맥주들을 마실 이유가 없었다. 나는 바텐더에게 북한 술이 있냐고 물었고 그녀는 숙성된 소주라며 낡은 병 하나를 보여줬다. 소주도 숙성시킬 수 있다는 것은 처음 알았는데, 그 여자 바텐더에 의하면 이 병은 이곳에 수년 동안 보관되어 있었다고 한다. 단돈 2달러에 소주 700ml 한 병. 당연히 나는 그걸 거절할 수 없었다. 라벨에는 제조지가 평양 소주 공장이라고 한글로 적혀 있었다. 나는 반짝거리는 눈으로 2달러짜리 지폐를 건넸다. 그러나 그녀는 고개를 가로저었다.

'이게 무슨 상황이람?'

고려 투어 가이드가 북한 사람들은 1달러 지폐를 선호한다고 말했는데 그것 때문이었을까? 내가 2달러 화폐를 쥐고 머뭇거리던 중 다행히 아버지가 주머니에 1달러 지폐 두 장을 그녀에게 내밀었고, 우리는 무사히 소주를 살 수 있었다.

나는 숙성 평양 소주를 들고 구석의 소파로 가 일행들의 잔 여덟 개를 가득 채워 주기 시작했다. 이 소주 에티켓은 남한 생활에서 터득한 유용한 기술이다. 우리는 독한 평양 소주에 거하게 취했는데 일행 중 한 남자는 너무 만취한 나머지 세계지도 앞에서 사진을 찍다가 실수로 지도 모퉁이를 부러트렸다고 한다. 가이드들은 다음날 아침까지도 이 사건으로 화가 나 있었다.

어쨌든 아침과는 달리 몸이 후끈해진 채 호텔에 들어온 나는 시내를 내려다보았다. 나는 오늘 보았던 모든 인상들을 머릿속에 담으려 애썼다. 소주 기운에 취한 나와 아버지는 금세 잠에 들었고 평양에서의 진짜 첫 날은 이렇게 저물어갔다.

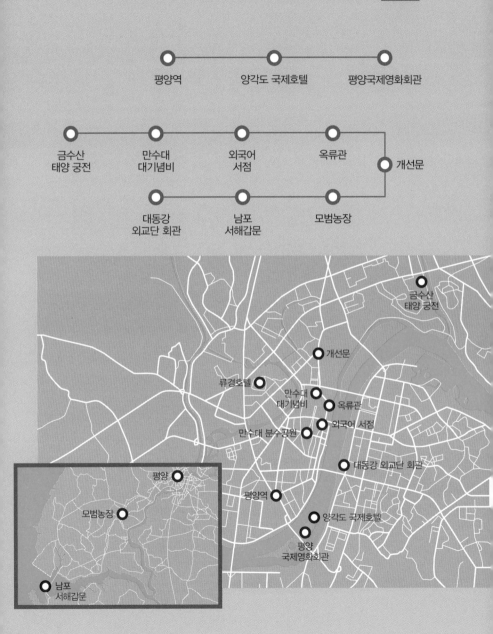

평양 곳곳을 둘러보다

- 평양역 — 양각도 국제호텔 — 평양국제영화회관

- 금수산 태양 궁전 — 만수대 대기념비 — 외국어 서점 — 옥류관 — 개선문
- 대동강 외교단 회관 — 남포 서해갑문 — 모범농장

금수산 태양 궁전

개선문

류경호텔

만수대 대기념비

옥류관

만수대 분수공원

외국어 서점

대동강 외교단 회관

평양역

양각도 국제호텔

평양 국제영화회관

평양

모범농장

남포 서해갑문

PART 3

아버지와 북한에서 맞이한 새해

오늘은 12월 31일

눈을 뜨자마자 오늘이 대망의 날이라는 사실이 실감났다. 어젯밤 마신 북한 소주로 머리가 지끈거렸지만 개의치 않았다. 이 투어의 이름이 '북한 새해 전야 투어'인 이유가 내 눈 앞에 성큼 다가왔다.

"세계에서 가장 폐쇄된 나라에서 보내는 2018년 마지막 날이라니…! 믿겨지세요, 아버지?"

나는 신나서 아버지에게 재잘거렸다. 평양 사람들은 어떻게 지난 한 해를 보내고 새로운 해를 맞이할까?

습관적으로 휘아에게 아침 인사를 하기 위해 휴대폰을 꺼냈지만, 이내 인터넷이 없다는 것을 깨달았다. 그렇다면 차라리 보낼 수 없는 메세지라도 남기기로 했다. 나중에 한국에 돌아가 이 메세지들을 보여주면 국경 반대편에서 그녀와 떨어져 보낸 이 시간을 로맨틱한 방법으로 메울 수 있지 않을까 싶었다.

'마음이 가장 중요하지.'

네덜란드인들이 많이 쓰는 말이다.

나와 아버지는 자연스럽게 우리 부자의 아침 루틴을 시작했다. 아버지는 먼저 샤워를 하러 화장실에 들어가셨고 나는 카메라를 켜고 브이로그를

드디어 오늘! 지금 너무 기대돼요.

촬영했다. 아버지는 내가 촬영할 때 혼자 있고 싶어하는 것을 눈치채셨는지 카메라를 꺼내들면 자리를 비켜 주시는 것 같았다. 나는 카메라에 대고 이 야기할 때 누가 듣고 있다고 생각하면 극도로 긴장하는 편이다. 언젠가는 이것을 극복해야 하는 것을 알지만, 적어도 이때만큼은 아버지의 샤워 시간 이 가장 좋은 해결책이었다. 아버지는 이걸 잘 이해해 주셨다.

어릴 때부터 나는 새해 전야를 일 년 중 가장 좋아했다. 12월 31일 아 침에는 한 해의 상징적인 정점으로부터 오는 긴장감이 느껴진다. 올리볼렌 oliebollen. 네덜란드의 간식, 주로 12월에 먹는다, 불꽃놀이, 보드게임, 샴페인, 다 함께 외 치는 카운트다운 등등으로 채워지는 이 지극히 평범한 하루는 왠지 지구촌 이 하나되는 느낌을 선사한다. 이 기분을 친구나 가족과 함께 나누고 싶었

평양의 아침

지만 모두 멀리 떨어져 있었고, 또 인터넷이 없으니 감정의 거리 또한 멀게 느껴졌다. 이 날은 아버지와 함께 이 순간을 나눌 수 있어 참 다행이었다.

아버지는 어머니를 두고 멀리 온 것이 마음에 걸리시는 것 같았다. 내가 아는 어머니는 분명 모두가 카운트다운을 외치는 순간에도 남편과 아들을 걱정하며 무사히 돌아오길 바라셨을 것이다. 받지 않을 전화도 몇 통이나 하셨겠지. 갑자기 고향이 그리워진다.

직항은 없다

북한에 이 책이 있을 줄이야

이 날은 화창하지만 기괴할 정도로 추웠다. 오늘의 투어는 내가 몇 년 동안 발을 들인 적이 없는 곳부터 시작한다. 바로 도서관이다. 북한 사람들은 이곳을 '인민대학습당'이라고 부르는데 전통적인 한옥 스타일로 지어진 이 상징적인 건물은 김일성 광장을 자랑스럽게 내려다보고 있다. 안에 들어가니 우리를 기다리던 젊은 도서관 안내원이 커다란 방으로 안내했다. 방 안에는 군대식으로 각 맞춰 배열된 책장과 독서대들이 가득했고, 이곳에도 역시나 벽에 김일성과 김정일이 미소를 드리운 채 우리를 기다리고 있었다.

도서관 안의 책상들

책장

안네의 일기에 대해 이야기하는 나와 가이드

우리 그룹은 세 권의 책이 가지런히 놓인 한 독서대 앞에 모이라는 요청을 받았다. 그 중 한 책이 눈에 들어왔다. 유명한 독일 소녀인 '안네 프랑크'의 사진이 표지에 있었다. 2차 세계대전 중 나치 정권을 피해 암스테르담에 은신해야 했던 독일 유대인 어린이의 일기장이었다.

"북한에 이 책이 있을 거라고 상상도 못 했어."

나는 아버지에게 말했다. 나는 이 책을 읽어본 적은 없지만 줄거리는 잘 알고 있기 때문에 이곳 북한 도서관에 이 책이 전시되어 있다는 사실이 큰 아이러니로 다가왔다. 그녀의 일기장이 북한까지 도달했다는 것이 자랑스러웠지만, 동시에 누구도 이 일기장을 읽을 수 없을 거라는 사실 또한 잘 알고 있었다.

안네의 일기 옆에는 《로빈슨 크루소》와 《피터 판》이 놓여있었는데, 대체 어떤 동기로 이 책들을 선정해 올려놓았는지 이해할 수가 없었다. 가이드는 자랑스럽게 누구나 이 도서관에 방문해 《안네 프랑크의 일기》를 포함한 모든 책을 읽을 수 있다고 말했지만 나와 아버지를 포함한 일행은 이 말을 믿지 않는 눈치였다. 북한 당국에서 북한 주민들이 자유롭게 모든 책을 읽을 수 있도록 허락한다는 것이 믿기지 않았다. 북한 측에서도 우리의 불신

직항은 없다

을 이미 예상했다고 생각한다. 굳이 도서관에 온 외국인 관광객들에게 심사숙고하여 선정한 세 책을 보여줄 이유가 뭐가 있겠는가? 한국과 네덜란드의 도서관에 갔는데 아주 유명한 책 세 권이 당신 앞에 티 나게 전

안네의 일기

시되어 있다고 상상해보라. 이상한 풍경이지 않은가?

도서관 가이드는 한 독서대로 우리를 안내해 첨단 공학 기술이라고 소개했다. 그 독서대는 손잡이를 돌려서 높이를 조절할 수 있었는데, 가이드에 따르면, 노인과 젊은 층에게 적합하다고 했다. 그 첨단 공학 기술의 산물은 이 도서관의 가장 큰 자랑거리인 것 같았다.

그러나 우리 투어 일행의 머릿수는 너무 많았고 그 독서대는 너무 작아서 모두가 보는데 어려움을 겪었다. 그래서 박 씨와 김 씨는 개별적으로 그 첨단 공학 기술을 구경하라며 버스로 돌아와야 할 시간을 안내해줬다. 나와 아버지는 도서관을 잠시 구경한 후, 김일성 광장이 내려다 보이는 테라스에 나갔다. 가이드, 일행, 버스기사, 카메라맨까지 모두가 여유로워 보였다. 나와 아버지처럼, 아마 새해 전야에 대한 기대감 때문이지 않을까 싶었다. 도시는 완벽한 새해 맞이 축제를 위한 준비를 하고 있었고 우리는 넋을 놓고 그 광경을 바라보았다.

도서관에서 본 평양 풍경

새해 전야 축제 준비. 그 건너편으로 주체사상탑이 보인다.

직향은 없다

해리 포터

시간이 꽤 흘렀는지 도서관 가이드가 우리를 찾으러 왔다. 서둘러 출구로 나가는 길에 또 하나의 서프라이즈를 발견했다. 접수대 위 누구라도 볼 수 있는 곳에 덩그러니 책 하나가 놓여있었는데《해리포터와 마법사의 돌》이었다. 그 책을 살짝 열어보니 책을 빌린 사람들의 한글 이름 3개가 적혀있는 오래된 종이가 끼워져 있었다. 우리는 또 한번 '증거'를 제공받으며 도서관을 나섰다.

김일성 생가 만경대

  우리를 다시 태운 버스는 김일성의 '생가'인 만경대로 향했다. 나는 아버지와 기분 전환을 하고 싶어서 이번에는 버스 뒷자리에 앉기로 했다. 평양의 도로는 충분히 촬영했으니 긴 하루를 준비할 휴식을 갖기 위해서였다. 하지만 파란 패딩의 스웨덴 유튜버는 노래를 하기 좋은 시간이라고 생각했던 것 같다. 지난 밤의 노래방 시간이 그녀에게 너무 많은 자신감을 주었던 걸까? 그녀는 모두 그녀의 노래를 좋아했다고 생각했는지 다시 마이크를 잡고 프랭크 시나트라의 〈Fly me to the moon〉을 부르기 시작했다. 내가 고대했던 평화는 다시 한번 달아나버렸다.

  만경대에 도착하자마자 우리는 김일성이 어린 시절을 보냈던 집으로 향했다. 박 씨는 우리에게 이 장소가 북한 사람들에게 얼마나 중요한 곳인지 설명하면서 되도록 조용히 해 달라고 당부했다. 그 당부는 너무 잘 지켜져서 우린 김일성 생가로 걸어가는 10분 동안 단추가 떨어지는 소리까지 들을 수 있었다. 그 공원은 먼지 하나 없이 깨끗했고 생가 근처에서는 섬뜩한 배경음악이 흘러나오고 있었다. 그 생가는 남한에서도 볼 법한 전형적인 민가처럼 생겼지만 북한 사람들에게는 아주 성스러운 장소로 여겨지는 곳일 것이다.

  우리는 집 내부를 구경할 수는 있었지만 바닥에 그려진 희미한 선을 넘어서는 안됐다. 고려 투어 가이드와 박 씨, 김 씨는 그걸 몇 번이나 강조했지만 왠지 꼭 한 명은 이 규칙을 어길 것 같은 느낌이 들었다. 역시 예상은 빗나가지 않았고 이번에는 한 남자가 방 안을 더 잘 찍으려고 하다가 무심코 선을 넘어 가이드에게 즉시 혼이 났다. 잠시 동안 침묵이 사라지고 일행은 웅성거렸다. 이번에는 실수한 사람이 내가 아니라 정말 다행이었다. 그 남자는 당황했는지 그 민가 주변을 황급히 벗어났고 나머지 일행도 곧 그를 따랐다.

가이드의 설명 소리와 약간의 소동과 스피커에서 울려 퍼지는 심오한 음악을 제외하면 공원에는 적막이 감돌았다. 나는 아버지를 바라보았는데 아버지 또한 이 장소에서는 별 감명을 받지 못한 듯 보였다. 사실 일행 중 누구도 김일성 생가에서 특별한 인상을 받은 것 같은 것 같지 않았다. 피곤했기 때문이었을까? 아니면 새해 전야에 더 즐거운 이벤트를 기대한 걸까?

버스가 주차된 곳에 도착하니 바로 옆에 문이 닫힌 만경대 놀이공원이 있었다.

"저 쪽이 더 재밌을 뻔했네."

아버지의 말에 나도 격하게 동의했다. 영하 11도에 롤러코스터를 타는 것도 아주 짜릿한 경험이 될 것이다. 만약 공원이 문을 열었다면 시끌벅적한 소리가 김일성 생가의 성스러움을 방해할 수도 있었을 것이다. 롤러코스터가 달리는 소리는 분명 옆 공원의 음악보다 클 테니 말이다.

'그래서 하나는 열려 있고 하나는 닫혀 있는 걸까?'

글쎄, 이따금 생각을 덜 하는 게 나을 때가 있다. 특히 북한에서는.

올해 마지막 쇼핑

　다음 장소는 기념품을 살 수 있는 광복백화점이었다. 광복백화점으로 가는 버스 안에서 나는 아버지에게 말했다.

　"백화점에서 주어진 시간이 1시간밖에 없어서, 최대한 빨리 많은 북한 제품을 사야 할 것 같아요."

　내가 제품 포장지를 읽을 수 있으니까 백화점에서는 내가 리드를 맡기

광복백화점

로 했다. 이 백화점은 외국인 관광객인 우리가 북한 화폐로 결제할 수 있는 유일한 곳이었다. 고려투어 가이드는 북한 현금을 외부로 반출할 수 없으며, 백화점 안에서는 사진이나 동영상도 찍을 수 없다고 당부했다.

"아쉽다!"

나는 아버지에게 아쉬움을 표했다. 무려 북한 백화점인데…. 재미있는 영상이 될 수 있을 거라 생각했지만, 위험을 감수할 가치가 없었기 때문에 휴대폰은 주머니 속에 넣어두기로 했다. 게다가, 단 한 시간 밖에 주어지지 않았기에 쇼핑에 최대한 집중해야 했다. 기념품 외에도 남한에 있는 탈북자 친구를 위해 완수해야 할 쇼핑 미션이 있었기 때문이다.

안으로 들어가자마자, 나는 환전소로 달려갔다. 1유로는 9,030원이었고, 1달러는 8,000원 정도였다. 나는 70유로를 환전했고 두둑한 종이봉투를 받아 가방에 넣었다.

'이 정도면 충분하겠지.'

나는 아버지에게 미소를 지은 후 미션을 시작했다. 나는 쇼핑 카트를 들고 복도를 걸으며 소주부터 잼, 비스킷, 꿀, 맥주 등 북한산이라면 닥치는 대로 다 담았다. 백화점 안에는 'Made in China'라고 쓰여진 중국 제품도 많지만 중국산은 사고 싶지 않았다.

백화점 안은 마치 평양 시민 전체가 새해 맞이 쇼핑을 하는 것처럼 엄청난 인파로 가득했고 각 계산대 앞에는 적어도 5팀이 꽉 찬 쇼핑카트와 함께 줄을 지어 있었다. 나와 아버지는 이 짧은 쇼핑 시간에 대한 부담감이 더 커져갔다. 북한 사람들과 수다를 떨 시간조차 없어서 지나가는 사람을 아무나

붙잡고 특정 상품이 어디에 있는지 물어봤다. 북한 사람들 모두 친절하게 알려줬기 때문에 쇼핑은 빠르게 진행되었지만 북한 친구에게 사다 줄 화장품이 가장 큰 난관이었다. 박 씨는 내가 정신없이 서두르는 것을 보고는 다가왔다.

"바트, 도와줄까요?"

"네! OO 화장품이 필요해요."

내 대답을 들은 박 씨는 순식간에 사라졌다. 나와 박 씨는 여행 기간 동안 꽤 친해진 상태였다. 그녀에게 남한에 있는 탈북자 친구를 위한 선물이라고 말하면 그녀가 어떤 반응을 보일지 궁금했지만 이번만큼은 말을 아꼈다.

2분 뒤에 그녀는 내가 찾던 화장품을 들고 돌아왔다. 미션 성공! 이윽고 쇼핑 바구니를 들고 계산대 줄에 합류하려는데 쇼핑 카트에 물건을 가득 실은 한 여성이 우리에게 먼저 하라고 손짓했다. 감사한 마음으로 그녀 앞에 서면서 나는 한국어로 그녀에게 말했다.

"새해 축하합니다."

내가 한국어로 말하자 갑자기 모든 시선이 우리에게 쏠렸다.

"새해 축하합니다."

새해 축하 인사 대답이 그녀뿐만 아니라 곳곳에서 들려왔다. 북한인들의 '눈치'가 발현된 순간이었다. 줄 서 있는 사람들은 나와 아버지가 시간이 촉박하다는 것을 알아차리고 기쁜 마음으로 우리에게 앞 자리를 내어 준 것이다. 따뜻한 마음의 순간이었다. 덕분에 금세 우리 차례가 왔고 한가득 담은 모든 상품의 가격은 예상보다 훨씬 저렴했다.

    많은 사람들의 도움으로 쇼핑 미션을 순식간에 완료해서 시간이 20분정
도 남아있었다. 나와 아버지는 남은 돈으로 간단히 음식을 먹기 위해 꼭대
기 층의 푸드 코트로 갔다. 푸드 코트에는 여러 가지 선택지가 있었다. 가이
드는 밥, 김치, 된장 기름으로 만들어지는 북한음식인 '인조고기밥'을 꼭 먹
어보라고 했다. 그런데 자꾸 초밥 코너가 나를 유혹하지 뭔가. 결국 초밥 코
너에서 주문하는데 직원이 외국인 손님을 보고 당황했는지 혼란과 패닉이
비쳐진 얼굴로 내게 자리에 앉아 달라고 했다. 난 그저 초밥이 먹고 싶었을
뿐이라고….

10분이 지났을까 작은 접시의 초밥 세트가 제공되었다. 아, 냉동실에서 바로 꺼 내온 냉동 초밥이었다. 초밥 아이스크림이라고 부르는 것이 더 맞는 이름이겠다. 아버지는 힐끗 보시곤 내게 맛있게 먹으라고 했다. 아 난 왜 '인조고기밥'을 선택하지 않았을까….

나는 음식에 대해 까다로운 편은 아닌데 그 초밥은 비주얼부터 실망스러웠지만 대담하게 한 입 베어 물은 후에는 젓가락을 내려놓을 수밖에 없었다. 촉박한 시간을 핑계로 들며 음식을 남겨야 할 것 같았다. 반면에 아버지와 가이드는 인조고기밥을 아주 맛있게 즐기고 있었다. 이번만큼은 내가 요점을 완전히 놓친 것이 분명했다. 역시 어디를 가든 가이드의 조언을 따르는 것이 가장 현명한 것을. 불필요한 리스크를 줄이고 안전한 선택을 선호

초밥

북한 김밥과 인조고기밥

직항은 없다

하시는 아버지는 북한에서 고기 요리를 최대한 피하려고 하셨고, 인조고기밥은 최고의 선택지였다. 아버지는 '인조고기밥의 모습은 비록 색깔이 없고 맛이 없어 보였으나, 식감은 마치 진짜 고기를 먹는 것 같았다'라고 말씀하셨다.

백화점 안에서 촬영을 할 수 없다는 사실이 오히려 평양 사람들의 평범한 삶과 더 가까워진 기분이었다. 북한 원화를 쓸 수 있다는 것 또한 진짜 북한 경험을 하고 있는 것 같았다. 가장 평범한 일상을 경험하는 것이 가장 특별한 경험으로 여겨지다니 북한은 참 신기한 곳이다. 이 백화점 경험은 이 북한 여행에서 가장 좋았던 순간 중 하나였는데 그 중 가장 큰 이유는 바로 북한 제품 때문이었다. 이런 북한 제품들을 살 기회가 살면서 얼마나 있겠는가. 백화점의 모든 제품들이 내게는 수집품으로 보였다.

주어진 시간이 촉박해서 아쉬웠다. 좀 더 여유롭게 상품 진열대 사이를 구경하고 푸드 코트의 다양한 음식들을 먹어 볼 수 있었으면 얼마나 좋았을까? 이 마음도 몰라주는 김 씨는 음식을 먹고 있는 우리에게 다급히 쇼핑 시간이 끝났다는 신호를 주었다. 우리는 서둘러 버스를 타러 나가야 했는데 이 모든 상황이 너무 급박한 나머지 그들은 출구에서 우리를 빠르게 통과시켰고, 그로 인해 우린 지갑에 남아있던 북한 원화 지폐를 기념품으로 밀반출하게 되어 버렸다. 이런!

조국해방전쟁승리기념관

다행히 양념된 오리를 곁들인 한국식 바비큐가 점심 메뉴로 기다리고 있었기 때문에 초밥 아이스크림으로 버린 입맛을 회복할 수 있었다. 석쇠에 올려진 오리고기와 김치, 마늘, 상추 잎, 떡 등의 반찬이 남한 고깃집에서 볼 수 있을 법한 구성이었다. 모두가 만족스러워 보였고 '맛있다'라는 말이 여기 저기서 들려왔다. 특히 쌀로 만든 술인 '막걸리'로 식사를 마무리했는데 막걸리 또한 맛이 정말 좋아서 나를 포함한 모든 일행의 얼굴에 웃음꽃이 피었다.

식당 안은 우리처럼 축제 분위기인 북한 손님들로 가득했다. 식탁 위에서 온갖 이야기가 오갔지만, 여행 자체에 대한 대화는 거의 없었다. 아버지와 나는 네덜란드어로는 마음껏 이 여행에 대한 생각을 말했으나 영어로 말할 때에는 최대한 조심했고, 일행 중 누구도 북한 가이드들에게 상처를 주거나 북한에서 용납되지 않을 말을 하는 위험을 감수하고 싶지 않아 보였다.

석쇠 위에 마지막 오리고기가 남아있었지만 우리는 버스에 다시 타라는 요청을 받았다. 다음 방문지는 유명한 '조국해방전쟁승리기념관'인데, '미제국주의자'들과 '꼭두각시 국가 남조선'을 상대로 이룬 승리에 관한 기념관이기에 붙여진 이름이다. 이 건물은 서울의 전쟁기념관의 구조나 크기, 문양 등을 생각나게 했다.

　군복을 입고 나타난 가이드는 여러 다큐멘터리에 출연한 낯익은 얼굴이었다. 그녀는 상냥하게 웃었지만 동시에 규칙을 어길 때는 아주 날카로웠다. 초등학교 견학 수업처럼 우리는 가이드를 따라 북한이 노획한 비행기, 탱크, 지프 등 전시되어 있는 각종 군장비들을 관람했다. 그녀는 전쟁 중, 혹은 전쟁 후에 이 군장비들이 어떻게 파괴되었는지 하나 하나 자세히 설명했다. 그 중 가장 인상적인 이야기는 1953년에 10대 아이들이 폭탄을 투척한 이야기였다. 그게 사실인지 아닌지 나는 모르겠지만 정말 사실이라면… 참으로 '대단한 업적'이라 박수를 쳐 주고 싶다.

조국해방전쟁승리기념관

조국해방전쟁승리기념관에서 가이드와 함께

직항은 없다

특히 이 박물관의 하이라이트이자 자랑거리는 휴전협정이 체결된 지 한참 후인 1968년, 북한에게 공격당해 나포된 미국 첩보선 USS 푸에블로호이다. 가이드에 따르면, 당시 포획자 중 한 명은 최근까지 푸에블로호에서 가이드 일을 하고 있다고 했지만 우리가 방문하고 있을 동안에는 보이지 않았다. 우리는 배 밖에 전시된 당시 나포된 미국 선원들의 초상화들을 본 후 배 안으로 들어가 작전을 성공적으로 완수한 북한 민족 영웅들의 초상화들을 보았다. 이 포획 작전은 지도에 자세하게 그려져 있었고 배에는 여전히 총탄 자국이 남아있었다.

볼링을 즐기는 평양 사람들

낮의 끝이 다가오고 있었다. 김 씨와 박 씨는 우리를 첫 번째 축제 장소인 볼링장으로 데려갔다. 빡빡한 일정을 잘 소화했기 때문에, 이제 김 씨의 무서운 압박 없이 놀 시간이었다. 볼링장에는 볼링 게임을 즐기는 북한 주민들과 많은 고등학생들, 그리고 아이들을 데리고 있는 엄마들로 가득 차 있었다. 들어가자마자 입구에 커다란 크리스마스트리 두 그루가 우리를 맞이하고 있었다. 성경책이 허락되지 않는 나라에서 크리스마스트리라니! 의 아했지만 북한에서의 크리스마스트리가 큰 의미를 갖고 있지 않을 거라 결론지었다.

볼링화를 대여하러 신발 대여소에 가자 카운터에 서 있는 북한 여성이 입이 떡 벌어진 채 큰 키의 두 남자를 올려봤다. 우리가 45.5나 46 사이즈를 요구했을 때 그녀는 틀림없이 "아…" 하고 탄식했을 것이다. 이 사이즈들은 남한에서도 찾기가 어려운데, 북한은 말할 것도 없었다. 그녀는 한 옥타브 높은 목소리로 그런 '거인' 신발은 없다는 농담을 하며 우리에게 44 사이즈를 내밀었다. 44 사이즈를 신어보려고 했지만 발이 들어가질 않았다. 왼쪽에 계신 아버지도 신발을 신는데 어려움을 겪고 있었다. 내가 그녀에게 이게 가장 큰 사이즈인지 묻자 그녀는 44가 가장 큰 사이즈라고 답하곤 내 나이키 신발을 가리켰다.

직항은 없다

"저 신발이 당신의 신발인가요?"

그녀는 내게 물었다.

"저 신발도 규칙에 벗어나지 않아요."

그녀는 덧붙였다. 그녀의 말을 들은 모두가 웃었다. 그래, 그냥 일반 신발을 신지 뭐. 볼링공이 떨어졌을 때 모든 충격을 나의 발로 전달하겠지만 말이다. 문득 이런 생각이 들었다.

'만약 내가 평양에서 병원에 가야 하는 상황이 생기면 어떡하지? 그것만은 꼭 피하자.'

나의 첫 번째이자 마지막 스트라이크를 성공한 후에 이곳을 둘러보기로 결심했다. 나는 새로 알게 된 '금강 맥주'와 카메라를 들고 볼링장 뒤에 있는 게임장으로 향했다. 이곳의 어린아이들은 우리가 전쟁 게임에서 적군인 나치를 쏘는 것처럼, 소총과 저격총으로 미국 군인들을 쏘고 있었다. '아이들도 하는데 내가 저걸 못 하겠어'라는 생각에 넘치는 자신감으로 손에 BB탄총을 쥐었다. 꽤 잘 하고 있다고 생각했는데 1라운드도 채 끝내지 못하고 게임 오버가 되었다. 아쉽게도 나는 미국의 침략을 격퇴할 수 없었다. 내심 미국을 응원하고 있어서 그랬을지도….

볼링 게임장 한쪽에서 전자오락을 즐기는 사람들

저항은 없다

"바바리아다!"

첫날 스웨덴 유튜버에게 화를 냈던 젊은 슬로바키아 여성이 소리쳤다.

"여기 바에 바바리아가 있어!"

나는 그녀에게 되물었다.

"바바리아요?"

나는 하이네켄을 더 선호하지만 바바리아도 꽤 유명한 네덜란드산 맥주이다. 그래도 평양 볼링장 바에 네덜란드 브랜드가 있다니 깜짝 놀랐다. 이 네덜란드 맥주를 벌컥벌컥 들이켜고 싶었지만 나는 볼링장 구석구석을 돌아다니는 것을 선택했다. 수많은 북한 주민들 사이에서 가이드 없이 다닐 수 있는 흔치 않은 기회이기 때문이다.

이 슬로바키아 여성과 이야기를 나누다 보니 그녀가 네덜란드에 살았고 네덜란드어를 유창하게 구사한다는 것을 알게 되었다. 그래서인지 그녀도 나처럼 바바리아 맥주에 혼이 나간 것이었다. 아쉽게도 나는 그녀에게 양해를 구하고 촬영을 계속하겠다고 말했다. 프로그램은 빈틈없이 짜여 있었고, 나는 막간에는 최대한 촬영에 열중했기에 불행히도 일행과의 시간을 희생할 수밖에 없었다.

아이들에게 둘러싸인 젊은 엄마 무리가 보이길래 새해 축하 인사를 건넸더니 그녀들은 웃으면서 아이들에게 내게 축하 인사를 하라 일렀다.

"우리 아이들과 사진 한 장 찍어주실래요?"

그녀들의 조심스러운 물음에 나는 흔쾌히 고개를 끄덕였다. 어느새 다섯 명의 아이들이 쪼로록 내 앞에 와 사진을 찍을 준비를 하며 서 있었다. 곧 네

명의 여성은 휴대폰을 들고 열성적으로 나와 아이들의 사진을 찍었다. 약간 코믹한 상황이었는데 이 순간만큼은 가이드나 북한 사람에게 어떠한 경계심도 느껴지지 않았다.

가이드와 일행들 사이의 뭔가 모를 긴장감, 아마 불신일지도 모를 그것은 날이 가면서 현저히 줄어들었고 모두 자신의 방법대로 순간을 즐기고 있었다. 아버지 또한 즐겁게 볼링을 치셨고, 나는 북한 주민들과 이런 작은 교류들을 많이 가졌다. 이런 교류들은 북한이나 지도자 혹은 일상생활에 대한 깊은 대화는 아니었고, 단순하지만 아주 인간적인 상호작용들이었다. 마치 기차역에서 누군가 닫히는 문을 잡아주는 것과 같은 말없이 느끼는 작은 유대감 같은 것들 말이다. 이런 느낌들은 기념해야 마땅했는데 맥주 애호가 고려투어 가이드는 완벽한 다음 장소를 알고 있었다. 바로 대동강 맥주 양조장이다.

볼링장에서 아이들과 함께

사진을 찍는 북한 엄마들

직향은 없다

무지개호에서의 새해 전야 만찬

대동강 맥주밖에 몰랐던 우리는 펍 안으로 들어가자 마자 입이 떡 벌어졌다. 일곱가지 다른 맛의 금색 맥주 꼭지가 어둠에서 빛나며 우리를 기다리고 있었다. 우리는 그들을 모두 마셔볼 수 있었는데, 그 중 특히 진한 색깔의 맥주가 아주 크리미하고 캐러멜 맛이 나는 것이 추운 겨울날과 아주 잘 어울리는 맥주였다. 흰색 벽에는 빔 프로젝터를 통해 북한 선전 음악이 흘러나왔는데 우리가 펍에 들어오니까 갑자기 서양 음악으로 바꼈다. 나는 이 변화가 마음에 들지 않았다. 우리 중 아무도 서양 음악을 틀어 달라고 요구하지 않았고, 이전의 북한 음악이 이 펍의 분위기와 더 잘 어울린다고 생각했기 때문이다.

고려 투어 가이드는 이 양조장이 실험적인 새로운 맥주들을 개발하면서 북한 내에서 큰 바람을 일으키고 있다고 말했다. 당시는 특히나 이런 소형 양조장이 전세계적으로 생겨나며 유행을 타고 있을 때였는데 북한 또한 이 유행에 동참하고 있는 듯 보였다. 나는 이 순간만큼은 카메라를 내려놓고 아버지와 일행들에게 집중하기로 했다. 특히 가장 중요한 맥주에게도 말이다. 우리는 다양한 이야기들을 나누며 서로를 알아갔다. 어찌되었든 오늘은 새해 전야이니 말이다.

대동강맥주공장

훨씬 가까워진 우리에게 새해 전야 저녁 만찬 시간이 기다리고 있었다. 우리는 다시 어둠을 헤치며 박 씨를 따라 대동강 강변의 유명한 '무지개호'로 향했다. 무지개호 안에는 '새해 축하합니다'라는 문구와 함께 맥주와 김치, 크림파이 등이 잘 차려진 긴 테이블이 준비되어 있었다. 이미 양조장에서 맥주를 너무 많이 마셔서 배가 불렀기에 우리는 식탁에 올려지는 요리들을 조금씩만 베어 먹었다. 다 내가 좋아하는 보쌈이나 만두, 김치 등이었는

직항은 없다

데 남한의 음식처럼 감칠맛이 있었다.

모든 음식들을 시도해 보고 난 후, 나는 아버지에게 우리의 저녁 식사를 위해 준비된 공연을 보러 가자고 제안했다. 우리는 무거운 몸을 일으켜 발코니로 가서 아래층의 무대를 바라보았다. 5명의 여성 멤버로 구성되어 있는 밴드가 무대 위에 올라와 있었다. 기타리스트, 베이시스트, 아코디언 플레이어, 드러머, 피아니스트 이 다섯 명의 연주자들은 반짝이는 분홍색 겉옷과 나름 짧은 흰색 치마를 입고 있었는데, 남한의 치마에 비하면 여전히 긴 길이였다. 밴드가 연주를 시작하자 전통 한복을 입은 다섯 명의 가수가 밴드 앞에 나타나 노래를 시작했다. 그들의 목소리는 귀에 착 붙는 자석처럼 너무나도 강렬하면서도 음정이 무시무시하게 완벽해서 북한에서만 볼 수 있는 공연이라는 생각이 들었다.

"반갑습니다~ 반갑습니다~"

나는 아버지에게 '반갑습니다'의 의미를 알려드렸다. 이 노래는 한국어를 전혀 모르는 사람들도 북한을 방문하고 나면 부를 수 있게 될 정도로 중독성이 강하다. 남한에서도 꽤 유명한 노래기 때문에 나는 나의 북한 유튜브 시리즈의 오프닝으로 이 때의 공연 영상을 사용했다.

매혹적인 눈빛, 일관성, 우아함, 깨끗한 목소리, 무릎으로 리듬감을 살리는 개성 있는 춤이 돋보이는 공연은 굉장히 즐거웠고 특히 드러머의 락 스피릿이 느껴지는 어깨 움직임이 가장 기억에 남았다. 소름!

무지개호 새해 축하 공연

김일성 광장에 모인 10만 명의 사람들

다시 어둠을 뚫고 우리는 수많은 군중에 섞여 김일성 광장으로 향했다. 아침부터 기다렸던 대망의 순간이 드디어 왔다. 어린 시절 새해 전야에 느꼈던 그 두근거림이 스멀스멀 올라왔고 맥주와 막걸리, 소주가 내 기분을 적절한 빌드 업해주었다. 분위기가 좋았다. 거의 10만 명에 가까운 북한 주민들이 대열을 짓지 않고 자유롭게 친구, 가족과 함께 이야기를 나누고 있었다. 나는 김 씨에게 가장 가까운 화장실이 어디냐고 물었다. 카운트다운이 끝나자 마자 나는 지금까지 마신 맥주의 공격을 받아 헐레벌떡 화장실로 달려가야 할 테니 말이다.

"화장실이 멀기 때문에 괜찮은 나무를 찾는 게 좋을 거예요."

김 씨는 웃으면서 내게 말했다.

"네덜란드처럼 벌금을 물면 어쩌죠?"

내가 물었더니 김 씨는 입을 떡 벌리며 나를 쳐다보다가 내게 말했다. 마치 내가 미친 나라에서 온 것 같은 표정을 하곤 말이다.

"물론 그럴 일 없어요."

김일성 광장에서 새해 축하 공연

나와 아버지는 브이로그를 찍으며 군중 속으로 걸어 들어갔다. 카메라 화면으로 보니 내가 얼마나 다른 사람들보다 키가 큰지 확연히 차이가 났다. 이따금씩 사람들이 나에게 뭐라고 소리쳤지만 나는 그들이 무슨 말을 하는지 알아들을 수가 없었다. 자정이 되기 15분 전, 아버지와 나는 가족과 사랑하는 사람들에게 보내는 영상 메시지를 촬영했다. 당장은 통화를 할 수 없지만 나중에라도 이 영상을 보여주기 위해서였다. 전문 브이로그 듀오처럼 우리는 김일성 광장에서 카메라를 보고 이야기를 하는데 아버지와 함께하는 이 순간이 얼마나 소중한 것인지 실감이 났다.

이 부자의 시간은 우리에게 정말 필요한 것이었다. 아버지에게 이 여행을 제안한 것이 너무 잘 했다는 생각이 들었다. 집에 계신 어머니께 전화하고 싶은 마음이 굴뚝같았지만 그럴 수 없었다. 아버지 없이 새해를 처음 맞이하는 어머니에게도 힘든 시간이었을 것이다.

"해피 뉴 이어! 해피 뉴 이어! 보고 싶어! 사랑해!"

우리는 카메라를 보며 외쳤다. 감정이 차오르는 것이 느껴졌다. 마지막 한 마디를 하려고 했지만 무대에서 새해 콘서트가 시작해 더 이상 촬영하는 것이 어려울 것 같았다. 카운트다운이 이제 시작되려 하고 있었다.

모란봉 악단과 레이저 쇼

전면의 거대한 무대 위에 모란봉악단을 포함한 북한에서 가장 유명한 가수들이 모습을 드러냈다. 환호성은 하늘을 찔렀고 평양 사람들은 진심으로 흥분한 듯 보였다. 가수들은 관객들에게 손을 우아하게 흔들며 무대 앞으로 걸어 나왔다. 나는 괜히 무대 뒤 계단 어딘가에서 김정은을 볼 수 있기를 기대했지만 그는 더 중요한 일을 하러 갔는지 보이지 않았다. 축제의 시작이었다. 한 여성 가수가 가장 먼저 무지개호의 공연자들과 비슷한 톤의 목소리로 노래를 시작했다. 내 뒤에는 공연을 보기 위해 옆으로 자리를 옮긴 사람들 때문에 거대한 텅 빈 삼각형이 형성되었다. 이런 일은 북한에서만 일어나는 것이 아니기 때문에 웃음이 터져 나왔다.

무대 또한 흥미로웠지만, 우리 주변에 있는 북한 주민들이 더 흥미로웠다. 아이들은 아빠들의 어깨 위에 앉아 미키마우스나 헬로 키티와 같은 애니메이션 캐릭터가 그려진 헬륨 풍선을 손에 들고 있었다. 미국과 일본의 캐릭터들이 이 광장의 하늘을 밝혀주고 있다는 사실이 신기하게 다가왔다. 스마트폰 중독은 북한에서도 예외가 아니었다. 수백개의 스마트폰 화면이 머리 위에 빛을 내뿜으며 이 행사를 촬영했다.

이따금씩 무대를 향해 유독 더 열정적으로 환호하며 박수를 치거나 소리를 지르는 북한 주민들이 보였다. 모란봉악단의 팬이었을까? 평양 주민

아이들을 어깨 위에 태운 북한 아빠들

들이 느슨해진 모습을 처음으로 보는데 나도 덩달아 기분이 좋아졌다. 감정
이 계속해서 일렁였다. 본 무대 옆 대형 스크린 두 곳에는 선전용 영화가 잇
따라 재생되었는데, 망치와 낫이 계속 등장했다. 거대한 군중의 얼굴에서 나
타나는 행복감, 자부심, 광채가 무서울 정도로 비현실적이었다. 이런 분위기
속에서 우리가 있는 곳이 어떤 나라인지 계속 상기하기란 어려운 일이다.

직항은 없다

북한의 드론쇼와 함께 맞이한 새해

음악이 멈추자 관중들로부터 박수갈채가 터져 나왔고, 첫번째 쾅 소리가 나자 모두가 180도로 돌아섰다. 주체사상탑 위로 하늘에 불꽃이 터지며 하늘에 숫자 10이 그려졌다. 카운트다운이 시작되었다! 한국인은 한국어로, 외국인은 영어로 숫자를 외쳤다.

"칠, 육, 오, 사, 삼, 이, 일!"

종이 울렸다. 남한처럼 이곳에서도 새해가 되면 종이 울린다. 종 소리가 울려 퍼진 후 10분 동안 하늘을 메운 거대한 불꽃 쇼가 시작되었다. 그 불꽃 쇼는 내가 지금껏 본 불꽃 쇼 중 가장 화려했는데 그것으로는 부족했는지 각을 맞춘 드론 쇼까지 가세했다. 수백 대의 드론이 하늘에 '새해를 축하합니다'라는 문구나 개와 다람쥐와 같은 상징물 모양을 하늘에 그려냈다. 참으로도 비현실적이고 비싸 보이는 쇼였다

불꽃 쇼와 무대

불꽃 쇼

북한 관중들

쇼 내내 나는 한 작은 무리의 학생들과 자꾸 눈이 마주쳤다. 그들은 호기심에 가득 찬 눈으로 나를 지켜보며 말을 걸고 싶어 하는 것 같아 보였다. 그래서 나는 웃으며 그들에게 새해 축하 인사를 했더니 그들도 수줍어 하면서 낄낄거리다가 나를 보며 대답했다.

"새해 축하합니다."

직항은 없다

얼마 지나지 않아 그 소년 중 한 명이 용기를 내어 내게 다가와 영어로 'How are you'라고 물었다. 나머지 아이들도 내게 다가와 대화에 참여했다. 그들은 모두 고등학생이었는데 마치 군인처럼 내 질문에 우렁차고 자신 있게 대답했다.

군중 위로 축제를 촬영하는 나

    학생들은 나에 대해 궁금해했고, 나도 그들과 계속 이야기를 나누고 싶었는데, 더 묻기도 전에 한 나이 많은 남자가 우리의 대화를 막았다. 그는 아무 말 없이 학생들에게 나와 대화하지 말라고 손짓했다. 그 남자는 심지어 학생들과 같은 일행도 아니었는데 말이다. 고려투어 관광 가이드도 그 남자가 왜 우리의 소통을 막았는지 모른다고 했다. 분위기가 완전히 위축된 학

직항은 없다

생들을 보며 씁쓸한 마음이 밀려왔다. 우리의 대화는 어떤 나쁜 의도도 없었고 누구에게도 해가 되지 않을 것임에도 그들은 우리를 언제나 예의주시하고 있었다

모든 공연이 끝났고, 사람들은 집을 향해 흩어졌다. 우리는 군중들과 함께 얼음 조각이 있는 접선 지점을 향해 걸어갔다. 아까는 새해 축제 무대에 정신이 팔려 이 얼음 조각을 제대로 보지 못했는데 가까이 보니 이것은 단순한 얼음 조각 전시회가 아니었다.

모든 얼음 조각 작품들은 교육용 모니터부터 살아있는 물고기까지 특정 '제품'들을 포함하고 있었다. 살아있는 물고기라는 말이 이상하게 느껴질 텐데 자세히 덧붙이자면, 얼음 조각으로 만들어진 수족관 속에는 총 7마리의 살아있는 물고기가 헤엄치고 있었고 또 왼쪽과 오른쪽에는 얼어붙은

얼음 조각

같은 물고기가 있었다. 이 얼음 조각들은 일종의 '마케팅'으로 시장에 나온 신제품을 소개하는 것이었다. 아마 물고기는 시장에 새로 나온 생선 종류를 홍보하는 것이 아닐까 싶다. 이곳은 수천 명의 북한 사람들이 지나다닐 곳이기에 아주 신중하게 선정된 제품들일 것이다. 평양에서 지낸 3일 동안 단 하나의 광고판도 보지 못했는데 아마 이것이 처음이자 마지막이 되지 않을까 싶었다. 이것을 '광고'라고 부를 수 있다면 말이다.

활활 타오르는 폭죽이라면 아침부터 자정까지 넋을 놓고 볼 수 있는 어린 바트의 혼령은 만족한 듯 미소를 지었다. 우리는 버스가 세워진 곳으로 걸어가다가 터질 듯한 방광의 압력을 덜어주기 위해 김 씨의 조언을 따르기로 했다. 나는 적절한 나무를 찾았고 아버지는 옆의, 다른 일행들은 나머지 나무들을 맡아 일을 처리했다. 우리 뿐 아니라 다들 공연을 놓치기 싫어서 이제서야 나무 화장실을 다들 찾는 듯 보였다.

2019년은 공식적으로 엄청난 빅뱅과 함께 시작했다. 이 빅뱅은 내가 아직 남한에서 배우지 못했던 교훈을 내게 주었다. 절대 소주, 막걸리, 맥주를 함께 섞어 마시지 말라.

직항은 없다

평양 시민들과 같은 공간에 머물러본 하루

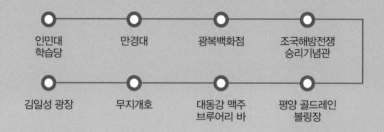

인민대
학습당 · 만경대 · 광복백화점 · 조국해방전쟁
승리기념관

김일성 광장 · 무지개호 · 대동강 맥주
브루어리 바 · 평양 골드레인
볼링장

PART 4

남한과 가까이 맞닿은 개성

세계에서 가장 싼 북한 지하철

  새해 아침이 밝았다. 호텔 방은 전보다 따뜻했고 유리창의 얼음이 녹아 호텔 창문을 열 수 있었다. 어젯밤의 숙취로 인한 두통을 벗어나기 위해 신선한 바람을 쐬려고 상체를 내밀었다. 도시는 서서히 활기를 띠고 있었고, 도시 전체에 울려 퍼지는 노래가 28층의 호텔까지 흘러 들어왔다. 〈어디에

계십니까? 그리운 장군님〉이라는 제목의 이 음악은 놀라울 정도로 아름답고, 차분하면서도 섬뜩했다. 이 곡은 매일 아침 북한 주민들과 우리들에게 하루의 시작을 알려준다.

드디어 평양을 벗어나기로 한 날이다. 북한의 수도 밖이 어떤 모습일지 빨리 보고싶었지만 우선 평양의 남은 관광을 끝내야 했다.

모든 일행은 평양의 지하철 역 중 하나인 부흥역의 입구에서 티켓을 건네 받았다. 이 티켓은 5원으로, 약 0.03달러3센트 정도 한다. 이 표를 손에 쥐고 긴 터널을 들어가니 천천히 지하 깊은 곳으로 하강하고 있는 에스컬레이터와 일렬로 서 있는 북한 사람들을 데리고 올라오고 있는 상승 에스컬레이터가 나란히 붙어 있었다. 에스컬레이터를 타고 내려가면서 카메라를 들고 정신없이 사진을 찍는 우리 일행과, 그런 우리를 감정없이 쳐다보며 올라오는 북한 사람들 사이의 어색한 '눈싸움'이 벌어졌다.

지하철 입구

지하철로 내려가는 에스컬레이터

직항은 없다

　　부흥역의 하이라이트인 메인 홀에 내려가자 아버지와 나는 벽화에 아름
다움에 감탄하며 주위를 두리번거렸다. 천장은 거대한 샹들리에로 꾸며져
있었고, 승강장에는 서서 신문을 읽을 수 있는 신문 홀더 4개가 있었다. 김
씨는 이 지하철들이 1997년에 동 베를린과 서 베를린에서 수입되었다고 설
명했다.

승강장에 있는 신문 홀더   구식 지하철

우리는 먼저 이 구식 지하철을 타고 몇 정거장 후인 영광역에서 내려 신식 지하철로 환승했다. 김 씨의 말에 따르면 이 신식 지하철은 2016년도에 건설되어 운행을 시작했다고 했다. 이 신식 지하철은 소리, 좌석 배치, 색깔, LCD 화면까지 남한의 지하철과 굉장히 유사했는데 다른 점은 노약자 석이 따로 마련되어 있지 않다는 점이었다. 나는 빈 자리가 생겨 아기를 업고 있는 여자 옆에 앉았다. 이 여자의 생김새와 냄새는 청결하게 느껴지지 않았고, 손에는 진흙이 묻었던 흔적이 있었다. 아마 아기를 업고 들판에서 일한 것이 아닌가 싶었다. 나의 시선이 아기에게 향했다. 약간 높은 톤으로 말을 걸어보려 했지만, 아기는 아무 반응 없이 깊고 어두운 빛의 눈동자로 나를 응시할 뿐이었다.

우리 일행은 개선역에서 내려 또 다시 긴 에스컬레이터를 타고 올라갔다. 나는 갑자기 궁금해져서 박 씨에게 물었다.

"네덜란드에 대해 아는 것이 있어요?"

"나막신!"

그녀는 '나막신!'이라고 외쳤고 이어서 '마약'과 '마리화나'에 대해서도 언급했다. 세계 어느 곳에서나 들을 법한 정확한 답변이었다. 나는 내가 온 이 작디 작은 나라에서 허용하고 있는 다른 마약들에 대해 설명해줬다. 예를 들어 환각 효과가 있는 마법 버섯 같은 것이었다. 뉴질랜드에서 온 다른 일행이 자신의 경험을 덧붙이며 내 설명의 신빙성을 더했다. 박 씨는 입을 벌리며 우리의 설명에 귀를 기울였다. 그녀는 그 버섯들이 실제로 환각 효과를 일으키고 심지어 그런 것들이 나라에서 용인되고 있다는 것을 믿을 수 없다는 눈치였다.

신식 지하철과 구식 지하철

아기를 업고 지하철을 탄 여성

"재밌지만 가끔 무섭기도 해요."

뉴질랜드인이 이렇게 덧붙이자 박 씨가 눈을 반짝였다.

"이곳에 갖고 오셨어야죠!"

박 씨는 흥분하면서 말도 안되는 소리를 했다. 우리는 웃으면서 그런 위험한 일은 하지 않을 거라고 답했다. 대화의 주제는 암스테르담에서 매춘으로 넘어갔다. 박 씨는 에스컬레이터를 타는 남은 시간 동안 'A'와 'O'만을 외쳤다. 아주 코믹한 대화였다. 이 정도면 네덜란드에 대한 인상을 성공적으로 심어준 듯하다.

샤넬을 입은 평양 아이

개선문 근처의 아이들

    우리 일행은 개선역에서 내려 내가 공용 화장실을 사용했던 그 개선문 앞에 도착했다. 개선문 광장에는 형형색색의 등불과 연, 놀이 기구 등을 들고 있는 어린이들로 북적이고 있었다. 나는 즉시 인디고 트레블러와 북한 어린이들의 장면이 떠올랐다.

'그들 또한 나를 '미국 새끼'라고 부를까?'

나는 카메라를 켜고 아이들 사이로 걸어 들어갔다. 아이들은 내가 처음 보는 다양한 전통 놀이들을 하고 있었고 얼굴엔 웃음이 가득했다. 나는 대화를 시작해 보려고 아이들에게 다가갔는데 놀랍게도 다들 영어로 의사소통을 할 수 있었다. 나는 지난 3일 동안 '촬영 눈치'가 늘어서 더 과감하게 카메라를 사용하고 있었고 지금이야 말로 이를 잘 활용해야 할 순간이었다.

삼삼오오 모여 놀고 있는 수백명의 아이들을 촬영하는데 다들 내 존재를 의식하며 나를 쳐다보고 있었다. 그 중 내게 말을 걸고 싶어 보이는 한 소녀의 무리를 발견했다. 나는 그들에게 인사를 하고 한 소녀에게 이름을 물

개선문에서 놀고 있는 아이들

었는데, 내 주변의 모든 아이들이 한꺼번에 자신의 이름을 외쳤다. 수많은 이름들이 일제히 불려지는 재밌는 상황이었다. 얼마 지나지 않아 더 많은 아이들이 내 주변으로 몰려들었다. 수줍음은 온데간데없어지고 다들 호기심이 발동한 눈치였다. 그 중 가장 작은 동지 한 명이 용감하게 내게 악수를 신청했다.

"악수! 악수!"

그 동지가 크게 외쳤다. 어느새 나는 수십 명의 깔깔거리는 아이들에게 둘러싸여 있었고 나와 아이들 모두 이 순간을 즐기고 있었다. 이 아이들의 천진난만함은 내 안의 많은 감정들을 일으켰다. 이들의 순수함은 슬프면서도 아름다웠고 이 장면은 나의 북한 여행 시리즈에서 가장 많이 시청된 장면이 되었다.

꽤 많은 아이들이 샤넬이나 푸마같은 브랜드 옷이나 미키마우스 같은 디즈니 캐릭터가 그려진 옷을 입고 있었다. 유튜브 댓글창에서 많은 사람들이 매우 놀랍다는 반응을 보였지만, 이 옷들이 모두 진품이라고 단언하기는 힘들다. 그러나 진품이라고 해도 놀랍지 않다. 결국 이곳은 평양이니 말이다.

나는 짧은 한국어와 북한 단어들로 아이들과 계속해서 교감을 나눴다. 결코 잊지 못할 행복한 순간이었다. 박 씨는 다음 목적지로 가야 한다고 말했지만 나는 조금만 더 시간을 달라고 설득했다. 가이드조차 나의 이 잊지 못할 순간을 멈추는 데 어려움을 겪었다.

나는 무릎을 꿇고 몸을 낮춘 채 모두에게 "새해 축하합니다!"라고 외치도록 유도했다. '하나, 둘, 셋'이 끝나자 "새해 축하합니다!"라는 외침이 광

장에 크게 울려 퍼졌다. 기분이 짜릿했다. 왜
냐고? 외국인들과 자주 교류할 기회가 없을
이 아이들과 몇 분 동안이지만 함께 시간을
보냈다는 사실 때문이었다.

나에게 가야 한다고 말하고 있는 가이드

직항은 없다

아이들에게 둘러싸인 나

평양의 뷰 맛집, 주체사상탑

　　우리는 평양의 상징적인 기념물, 주체사상탑을 향해 걸었다. 가이드는 이곳이 평양에서 꼭 봐야 할 명소라고 말했다. 이 탑은 북한의 주체 사상을 상징하며, 1982년에 김일성의 70년째 생일을 기념하기 위해 지어졌다. 이 탑은 세계에서 가장 높은 화강암 탑으로 지정되었고, 미국의 워싱턴 기념탑보다 3피트91.44cm 더 높다. 북한에서는 숫자와 기념비에 많은 의미를 부여하는데 이 주체사상탑도 마찬가지였다. 이 탑은 총 25,550개의 블록으로 지어졌고 이는 김일성의 70번째 생일까지 살아온 총 일수를 상징한다. 벌써 나의 머릿속은 이 북한 상징물들의 상징적인 숫자와 형상들로 과부하가 걸릴 것만 같았다.

　　아버지와 나는 탑 꼭대기에 올라가 뻥 뚫린 경치를 즐겼다. 김일성 광장, 무지개 호, 우리가 묵은 호텔, 도시를 가로지르는 강 전체가 다 보였다. 초록, 분홍, 주황색으로 된 건물들은 독특한 이미지를 주고 있었고, 어떤 부분은 서울과 비슷해 보이는 부분도 있었다.

　　그 순간 한 가지 생각이 쿵 하고 내려앉았다. 아버지 또한 나와 비슷한 생각을 하고 계신 것 같았다. 우리는 말 그대로 남한이 추구하는 것과 완전히 반대되는 이념의 상징 위에 서 있었다. 무거운 생각이었다. 아름다운 경

주체사상탑

치에도 불구하고 평양의 건물에서는 어두운 기운이 감돌았다. 탑 가장자리의 펜스가 나의 신장에 비해 훨씬 낮아서 돌풍이 살짝만 불면 밑으로 떨어질 것 같은 느낌을 받았고 나는 고소 공포증이 있기 때문에 심장이 벌렁거렸다. 남한에서는 분명 펜스가 아주 높게 지어졌거나 아예 출입을 금지했을 것이다. 남한에서는 안전을 최우선적으로 생각하는 경향이 있기 때문이다.

주체사상탑에서 바라본 평양 풍경

주체사상탑에서 바라본 김일성 광장

주체 사상 탑 아래의 전경

직항은 없다

오늘의 일정은 조금 서두르는 느낌이었다. 아마 평양의 남은 명소 체크 리스트를 모두 체크해야 하기 때문일 것이다. 박 씨와 김 씨는 우리를 김정 일화 전시장에 데리고 갔는데, 그곳에는 전통 의상을 입은 북한 가이드가 우리를 기다리고 있었다. 내가 이래 봬도 튤립의 나라에서 온 청년이지만 사실 꽃에는 별 감흥이 없다. 하지만 이 꽃들만큼은 그냥 지나칠 수 없었다. 북한에서 가장 신성하게 여겨지는 꽃들이기 때문이다.

전통 의상을 입은 가이드는 김일성화와 김정일화에 대한 이야기를 하기 시작했다. 1965년 인도네시아를 방문한 김일성 주석은 보고르Bogor 식물원 에서 아름다운 신종 난초를 보고 놀라움을 금치 못했다. 인도네시아 대통령 은 김일성 주석에게 이 꽃의 이름을 김일성을 따서 지으라고 제안했다. 김

김일성화와 김정일화 전시장

일성 주석은 처음에는 거절했지만 결국 그의 제안을 따랐고 이 독특한 난초는 김일성화가 되었다고 한다. 김정일화의 역사는 또 다르다. 1988년 김정일의 46번째 생일에 일본의 유명한 화훼 재배자 가모 모토테루加茂元照가 자신이 기른 새로운 화훼 품종을 '조선인민과 일본인민들 사이의 우호와 련대성연대성'의 의미로 김정일에게 선물하면서 김정일화가 되었다고 한다.

이 꽃 전시장의 가이드가 열성적으로 이 신성한 꽃들의 일화를 설명하고 있는데 나는 또 한번 실수를 저지르고 말았다. '1, 2, 3처럼 김일성화, 김정일화, 김정은화까지 있는 것이 논리적인 순서가 아닌가?'라는 생각에 충동적으로 가이드에게 김정은화도 존재하냐고 물었다. 이 농담을 이해하는 일행들은 웃었지만 꽃 전시장 가이드의 표정이 점점 팽팽해지면서, 눈썹 사이가 찡그러졌다. 그녀는 곧 박 씨와 김 씨에게 이 상황이 마음에 들지 않는다며 불만을 표했고 가이드들은 우리에게 김정은의 이름을 함부로 조롱해서는 안된다고 말했다. 너무 당연한 사실이었다.

문수 물놀이장과 대머리 이발

박 씨가 내 소매를 살짝 잡아당기더니 내게 줄 간식이 있다며 버스 뒷좌석에 앉으면 준다고 속삭였다. 지난 밤, 나와 아버지는 박 씨에게 가족과 함께 먹으라고 네덜란드 스트룹 와플 한 봉지를 선물했고 아마 그녀는 감사의 표시로 관광객들이 쉽게 구할 수 없는 무언가를 주고 싶었던 것 같다. 물론 거절할 이유가 없었다. 버스에 올라타려는데 건물 앞에 세워진 오래된 메르세데스 벤츠 한 대가 눈에 들어왔다. 우리 일행은 이미 이 북한 풍경에 너무 익숙해진 나머지 평양의 오래된 독일 빈티지 카를 특별하게 생각하는 사람은 없었다.

메르세데스 벤츠

오늘 저녁에는 차를 오래 타는 일정이 있기 때문에 아버지와 나는 최대한 편안해 보이는 뒷자리의 두 좌석을 선점했다.

"쉿!"

얼마 지나지 않아 박 씨는 내 옆에 앉아 내 손에 단졸임 빵이라고 쓰여 있는 봉지를 쥐어 주며 말했다.

"제가 가장 좋아하는 간식이에요."

나는 비닐을 뜯고 내용물을 봤는데 팥 앙금이 채워진 빵이 들어있었다. 나는 바로 한 입 베어 물었는데 빵과 팥이 조화롭게 결합된 맛에 놀랐다. 나는 팥을 좋아하는 편은 아니지만 이 빵은 진심으로 맛이 좋았다. 아버지, 박 씨와 사이좋게 빵을 나눠 먹는 사이, 버스는 평양의 마지막 목적지인 문수 물놀이장에 도착했다.

박 씨의 최애 간식

직항은 없다

헤어스타일 메뉴판   이발 중인 아버지

문수 물놀이장 안에 들어가자 벽은 축축했고 복도에 몇 걸음 채 내딛지 않아 우리 모두 습기에 흠뻑 젖어버렸다. 박 씨는 우리에게 한 시간 동안 수영을 하거나, 이발소에서 머리를 자르는 것 둘 중 하나를 선택할 수 있다고 했다. 우리 일행은 전부터 유명한 '북한 남자들의 14가지 헤어스타일' 메뉴판에 대해 이야기를 나눴기 때문에 고민 없이 이발소를 선택했다.

이발소 앞에 가자 실제로 '북한 남자들의 14가지 헤어스타일' 메뉴판이 걸려있었다. 나는 사진 앞에 서서 직원에게 어떤 머리가 잘 어울릴지 물었고, 직원이 헤어스타일 하나를 가리키기도 전에, 쓰고 있는 모자를 벗으며 나의 반짝이는 대머리를 공개했다. 그녀는 웃기 시작하면서 무슨 말을 해야 할지 몰라 보였다. 나는 북한에서 4일 내내 대머리를 한 번도 본 적이 없는데, 그녀가 대머리 남자를 미용실 의자에 앉혀본 적이 있는지 궁금했다.

남한에서 나는 정기적으로 동네에 있는 오래된 이발소를 방문한다. 대머리를 관리하는 데 많은 시간이 들지는 않지만 가끔은 전문적인 이발사가 예리한 칼로 머리를 깎아주는 전통적인 서비스를 받기 위해 이발소를 방문하곤 한다. 안타깝게도 남한의 이발소는 사라져가고 있다. 만 원이면 15분 안에 빛나는 머리와 맨들맨들한 뺨, 깔끔하게 다듬은 수염을 가진 멋진 남자로 재탄생할 수 있는 곳인데….

다시 평양의 이발소로 돌아가 본다. 이곳은 남한처럼 머리만 다듬어주고 끝나는 것이 아니라 일정 시간 동안 서비스를 제공해야 하는 것 같았다. 그녀는 가위부터 시작해서 면도기, 온갖 브러쉬와 크림을 바르며 내 머리를 갖고 놀기 시작했다. 내가 여행 전에 머리를 잘 다듬고 와서 별로 할 만한 것이 없어 보였다. 그녀는 10분 안에 내 머리와 수염을 다 손질을 끝냈는데 아버지를 포함한 다른 남자들은 여전히 서비스를 받고 있었다.

나는 거울 속에 비친 그녀의 혼란스러운 얼굴을 발견했다. 그녀는 의자 주변을 정리하더니 안쪽의 방으로 들어갔다. 우리가 30분을 지불했기 때문에 그녀는 이 30분을 채워야만 했다. 4분 정도가 지났을 무렵 그녀는 방에서 나와 내 머리를 감기기 시작했다. 그리고 나서 의자를 눕힌 뒤 30분이 다 채워질 때까지 내 머리, 뺨, 턱, 어깨를 마사지하기 시작했다. 어떻게든 시간을 채우기 위해 무엇이라도 하려는 것 같았다. 대머리가 된 후 가장 길었던 이발 시간이었다.

나는 언제나 가위 든 전문가들을 전적으로 믿는 편이다. 사실 내 머리는 날카로운 면도칼로 실수하는 것 외에는 잘못될 일이 별로 없다. 반면에 아버지는 조금 긴장해 보이셨다. 날카로운 가위 때문이 아니라 언어의 장벽 때문이었을 것이다. 아버지는 미용사가 영어를 못할 것이라고 예상하지 못하셨는지 어떻게 원하는 헤어스타일을 설명해야 할지 쩔쩔매고 계셨다.

"바트! 바트!"

이발소 저 쪽에서 다급한 목소리가 들렸다.

"이 미용사 분께 내가 뭘 원하는지 말해줄 수 있어?"

아버지가 내게 말했다.

아버지는 내가 오기도 전에 그녀가 가위질을 시작하거나, 최악의 경우 바리캉을 머리에 댈까봐 얼굴에 두려움이 가득해 보였다. 다행히 제 시간에 미용사에게 도착한 나는 그녀에게 몇 인치 정도만 짧게 잘라 달라고 말했다. 그녀는 이해한 듯 보였고 아버지의 겁 숱의 첫 숱을 덜어내었다. 자 이제 이 미용사 여신의 손에 모든 것을 맡길 뿐이다.

아버지는 결과에 만족스러워하셨다. 흥미롭게도, 우리 일행 중 누구도 이 14개의 헤어스타일 중 하나를 선택할 필요가 없었다. 외국인들은 북한 헤어스타일을 해도 김정은처럼 보이지 않을 거라 생각한 걸까? 그나저나 머리를 깎는 동안 한 북한 남자가 들어오려다가 거절당했는데 그 북한 남자는 꽤 당황한 것 같아 보였다. 그는 왜 미용실에 출입할 수 없었던 걸까?

버스 안에서는 이따금씩 김 씨의 한국어 수업이 열렸다. 문수물놀이장으로 오는 길에는 '빨리 빨리 갑시다'라는 문장을 배웠는데, 북한에서도 남한처럼 '빨리 빨리'라는 단어를 많이 쓰는 것이 신기했다. 이곳 북한에서도 남한만큼이나 스피드를 중요하게 여기는 것일까. 하지만 다행히 이 '빨리 빨리' 문화는 이발소 일정이 끝난 순간에는 적용되지 않았기에 우리에게 커피

카페에서 마신 커피

한 잔을 할 여유가 주어졌다. 이 때, 처음으로 북한에도 카페가 있다는 사실을 알게 되었다. 이 카페에는 카라멜마끼아또 거품 위에 웃는 얼굴을 그려주는 바리스타까지 있었다. 박 씨는 이 카페를 자랑스럽게 소개하며, 언젠가 잘생긴 남자와 이곳에서 커피를 마시며 데이트를 하겠다는 당찬 포부를 밝혔다.

문득 나는 네덜란드 출신 한국 전쟁 참전용사 중 한 명인 딕과 한 인터뷰가 생각났다. 그는 전쟁 중 한국에 계실 때 배운 한국어들 중 '빨리 빨리'라는 단어를 선명하게 기억하고 계셨다. 아흔 살 네덜란드 어르신의 입에서 이 단어가 나오니 신기하면서도 재미있었다. 분명, 남북한은 그들이 생각하는 것보다 더 많은 공통점을 갖고 있을지 모른다.

앉아서 수영장을 구경하는데, 거의 모든 북한 남성들이 상체를 탈의한 채 수영하고 있다는 것을 발견했다. 남한의 실내 수영장에는 맨 몸으로 수영하는 남자들이 거의 없던데 이 부분은 왠지 다른 모습이었다. 남한에서는 실내수영장에서도 상체를 가리는 래시가드를 많이 입는다.

수영장

개성에 도착하다

문수 물놀이장 앞에 있는 노점

　우리는 워터파크 밖에 서서 남한 국경과 가까운 남쪽의 공업도시 개성으로 출발하기 위해 기다리고 있었다. 밖에는 작은 북한 여성이 카운터에 서서 웃고 있는 작은 노점이 하나 있었다.

　'혹시 버스에서 먹을 만한 간식거리나 음료수를 살 수 있을까?'

　이 노점에는 다양한 상품들이 알록달록하게 잘 진열 되어있었다. 주변에 가이드가 없어서 몰래 먹어보고 싶었지만 그 북한 여성은 친절하게 웃으면서 원화만 받는다고 말했다. 예상한 답변이었다. 이 노점의 상품들은 내 손에 닿을 거리에 있지만 동시에 나는 그들에게 닿을 수 없었다. 관광객들이 이런 노점에서 물건을 못 사게 한 이유는 무엇일까? 나라면 막지 않았을 때 지역 경제에 도움이 될 거라고 말할 것이다. 남한과 좀 더 가까운 개성에서는 어떨까?

통일고속도로를 타고 남쪽으로 가던 중 우리는 통일 기념탑을 지나쳤다. 통일된 한반도가 그려진 지구를 들고 있는 두 여인이 마주보며 몸을 앞으로 내밀고 있었다. 버스는 통일 기념탑의 모습을 더 잘 볼 수 있도록 길가에 잠시 정차했고, 우리는 고속도로 한복판을 걸어 다니며 당당하게 사진을 찍었다. 종종 산발적으로 차가 한 대씩 지나갔지만, 마치 관광객들이 고속도로 한가운데를 걸어 다니는 것이 정상인 것처럼 아무도 우리를 신경 쓰지 않았다.

조국통일3대헌장기념탑

날이 점점 어두워지고 나는 울퉁불퉁한 도로 위를 달리며 흔들리는 버스 안에서 잠에 들어버렸다. 마지막으로 본 것이 군 관문소였는데 일어나보니 개성에 있는 자남산 호텔 앞이었다. 이제 우리는 더 이상 평양에 있지 않았다. 비록 밤엔 보이는 것이 거의 없어 평양이라 해도 믿었겠지만 말이다.

호텔 안에 들어가서야 우리가 평양 밖에 있다는 사실이 분명해졌다. 우리가 방 키를 받기도 전에, 김 씨는 우리에게 샤워 시간을 합의해야 한다고 말했다. 왜냐면 특정 시간 동안만 호텔에 온수를 켤 수 있기 때문이었다. 우리 일행은 아침 7시에 샤워를 하기로 합의한 후 호텔 방에 들어갈 수 있었다. 예상보다 방이 추웠지만 다행히 침대에는 전기 장판이 있어서 따뜻했다. 오늘의 남은 일정은 호텔 석식뿐이었다.

호텔 지도

맛이 없는 맥주   개성에서 바바리아를 마시는 아버지

　음식은 김밥, 작은 전, 김치, 잡채, 밥 외에 다른 맛있는 음식들이 많이 있었고, 테이블 위에는 봉학이라는 이름 모를 맥주가 놓여있었다. 나는 새로운 맥주에 꽤 관대하고 의심 없이 시도하는 사람이라 바로 이 맥주를 바로 들이켰다. 최악의 결정이었다. 대동강 맥주가 맛있었던 만큼 이 맥주는 끔찍함 그 자체였다. 맥주를 좋아하는 나조차도 마실 수 없을 정도였다. 하지만 나는 두 번째 기회를 믿는 사람이고, 언제나 그렇듯이 두 번째 기회가 찾아왔다. 아버지께서 이 호텔에 있는 바바리아 맥주를 찾으신 것이다. 볼링장에서 바바리아 맥주를 마시지 못했던 것이 생각났다. 나는 1분도 채 마시지 않은 봉학 맥주를 내려놓고 바바리아를 마시기 시작했다.

　'바로 이 맛이야!'

　남한에서 몇 킬로미터 떨어진 북한에서 바바리아를 마시는 두 네덜란드 남자는 다시 만족스럽게 식사를 이어 나갈 수 있었다.

식사를 하는데 갑자기 호텔 직원들이 일을 멈췄고, 김 씨와 박 씨는 TV 볼륨을 높였다. 순식간에 모든 시선은 TV 화면에 집중되었고, 그 안에서 김정은이 신년사와 2018년을 돌아보는 연설을 시작하고 있었다.

저녁 식사가 끝나고, 우리 모두 호텔 방으로 돌아갔다. 나는 호텔을 둘러보고 싶어 호텔방을 나와 호텔 로비로 가는 계단을 내려갔다. 하지만 직원들은 보이지 않았고 모든 불이 꺼져 있었다.

'현명한 생각일까?'

나는 발길을 멈추고 스스로에게 물었다. 적절하지 않은 행동을 하고 있는 것 같았다. 오토 웜비어 사건이 머릿속을 지배하면서 나의 용기는 시들해졌고, 호텔 방으로 돌아가자는 결론을 내렸다. 내일 일찍 일어난다면 밝을 때 호텔을 탐험할 기회가 있을 것이다. 이것이 더 안전한 생각 같았고 아버지도 내 결정에 한시름 놓으셨다.

고려의 선죽교를 보다

고려 왕조의 수도였던 개성에서 맞이하는 아침은 상쾌했다. 꿈속에서 평양에서 가 본 장소들이 배경으로 나왔는데, 얼마나 빠르게 새로운 환경이 꿈에 적용될 수 있는지 신기할 정도였다. 3일 동안 평양에서 지내면서 북한 또한 내가 여행한 다른 도시들과 다를 것 없다는 기분이 들었는데 개성에 도착하니 다시 이곳이 북한이란 사실이 강하게 와 닿았다. 호텔 창문을 열자 또 그 섬뜩한 노래가 우리를 맞이했다.

'그래 여기는 여전히 북한이야.'

개성의 풍경에는 더 이상 색깔이 있는 아파트들이 아니라 조선 시대를 경험한 듯 보이는 회색 기와가 있는 한옥 건물들이 보였다. 이 건물들은 내가 남한의 국경 전망대에서 봤던 건물들과 비슷한 느낌을 풍겼다. 여행의 끝이 다가오니, 이제 유튜브 게임을 조금 강화해 보고 싶었다. 약속한 시간에 따뜻한 물로 샤워를 하고 나니 눈과 귀가 다시 날카로워졌다. 드디어 평양 밖이다!

토스트, 버터, 잼, 구운 감자로 간단히 서양식 아침식사를 한 후, 나는 두 남자 일행과 함께 호텔 주변을 둘러보기로 했다. 아버지는 그것이 좋은 생각이라고 생각하지 않으셨는지, 아침 식사를 오래 즐기겠다고 하셨다. 호텔

자남산 호텔

출구 근처에서 우리는 김 씨와 마주쳤다. 김 씨 우리가 더 편해졌는지 우리가 호텔 주변을 걷고 싶다고 하니까 알겠다며 보내주었다. 나와 함께 이 탐험을 떠날 이 두 남자는 특별한 방에서 어젯밤을 보냈다고 한다. 그 방은 김정은이 국경에서 문재인을 만나기 전날 묵었던 방이었다. 그 말은 '성스러운 방' 이라는 뜻이고, 호텔 측에서는 이 사실을 자랑스럽게 그 방 문 앞에 표시해 놨다.

김 씨가 허락했음에도 불구하고 가이드 없이 호텔 밖을 걷는 것이 왠지 자연스럽지 않았다. 우리는 무의식적으로 호텔 주변을 조심스럽고 조용하게 걸었다. 호텔 옆에는 클래식한 군용 트럭이 세워져 있었고, 옆에 있는 작

직항은 없다

은 아치를 통과하니 안뜰에 있는 배드민턴 코트가 나왔다. 밖에서 본 호텔의 외관은 마치 버려진 군대 막사 같았다. 다시 그 군용 트럭을 지나쳐가려는 데 굵은 목소리가 우리를 멈춰 세웠다. 목소리의 주인공인 우람한 남자가 우리 앞에 나타나 우리를 호텔 입구까지 안내했고 붙잡힌 우리는 고분고분한 소년들처럼 그 남자를 따랐다. 북한 보모 없이 나가 본 5분도 안 된, 50걸음도 채 안 된 작은 모험이었지만 그래도 나름의 작은 승리라 칭하겠다.

호텔 근처 탐험

호텔 조식

호텔에서 버스를 타고 10분도 채 되지 않아 버스는 '선죽교'라고 불리는 작은 돌다리에 멈추었다. 1290년에 지어졌을 것이라고 추정되는 이 다리는 1392년 정치적인 살인 사건이 벌어진 장소이다. 고려 황제의 충실한 조언자 정몽주가 한국의 마지막 왕조 조선의 창시자인 이성계의 명령으로 살해되었고, 정몽주가 피를 흘린 이 다리 위에서 붉은 대나무가 자랐다고 한다. 그래서 이 다리의 이름은 붉은 대나무를 의미하는 '선죽'이 되었다. 난 서울에 돌아와서 이 다리를 방문한 이야기를 휘아에게 들려주었는데, 휘아는 내가 무슨 다리를 말하는지 이미 알고 있었다. 이 다리는 남한의 역사책에도 실려 있었다. 남북한이 함께 공유하는 역사이지만 남한 사람들은 여기에 접근할 수 없다.

선죽교

판문점과 비무장지대

　이제 한반도를 둘로 나누는 완충지대인 비무장지대, DMZ에 방문할 시간이 되었다. 이곳에 가면 남한과 북한이 역사를 얼마나 다르게 해석하는지가 분명해진다. 이곳에 도착하니 빳빳한 군복을 입은 높은 계급의 군인이 우리를 기다리고 있었다. 우리는 그 남자의 안내를 따라 한국전쟁을 '종결'한 협정이 논의된 작은 건물로 들어갔다.

　그 군인의 말에 따르면, 이 전쟁은 미국에 의해 시작되었고, 미국이 불리해지면서 전쟁 첫해에 휴전을 간청했다고 했다. 나는 이 이야기를 들은 즉시 바로 이 설명에 끼어들어서 북한의 역사적인 관점이 사실이 아니라고 반박하고 싶었지만 차마 입이 떨어지지 않았다. 이 이야기는 무거우면서 불편했다. 일행 모두 그렇게 느끼고 있었을 것이다. 하지만 아무도 그 군인의 말에 끼어들지 않았고 군인은 모든 이야기를 끝마쳤다.

군인 가이드

　이 글을 쓰는 지금 나는 내가 촬영한 모든 영상들을 몇 번이고 돌려봤지만 이 역사 이야기에 단 한 번도 중국이 등장한 적은 없었다. 누가 전쟁을 시작했든 간에, 중국의 기여는 북한에게 상당하지 않은가? 그 기여 또한 제대로 공개되지 않는 것일까? 참 신기한 상황이다.

휴전 협정이 체결된 건물을 지나 소나무 뒤의 푸른 막사 세 개가 나타날 때까지 작은 언덕을 걸어 올라갔다. 이럴 수가! 남한이 지금 육안으로도 볼 수 있는 50m도 안 되는 거리에 있다! 내가 살고 있는 서울 집이 지금 내가 서 있는 이곳에서 1시간도 채 되지 않는다. 여행 중 느낀 모든 비현실감이 최고조로 끓어올라 강렬하게 나를 사로잡았다. 베이징, 단둥, 평양을 30시간 거치는 여정이 모두 머릿속을 스쳐 지나갔다. 이 여정을 시작한 나라가 돌을 던지면 바로 닿을 거리인 이 국경선 반대편에 있다. 만약 내가 여기서 전

판문점 국경으로 가는 길

직항은 없다

력질주로 국경을 넘어 남한으로 넘어간다면 어떤 일이 벌어질 지 상상했다. 그 결과는 헤아릴 수 없을 것이다.

판문점은 남북 양쪽에서 DMZ를 관광객으로서 볼 수 있는 유일한 장소이다. 파란색 막사 세 개가 경계선에 위치하고 있고 막사 안의 마이크를 기준으로 경계가 나뉘며, 이 막사 사이의 움푹 파인 콘크리트 턱을 건너면 남한이다. 바로 이곳에서 김정은이 남한 대통령을 초대해 문턱을 넘도록 했고 남한 대통령은 그렇게 북한에 입국했다. 역사적인 순간이었고, 우리는 그 일이 일어난 바로 그 자리에 서 있었다.

2014년 처음 남한에 왔을 때, 나는 국경 반대편에서 이 장소를 방문했다. 당시에는 남한 관광 회사의 안내를 따라 중앙의 푸른 막사 안으로 들어가 북한 쪽으로 넘어가 볼 수 있었다. 북한 비자는 필요하지 않았고 마이크가 올려진 테이블을 지나치면 북한이었다. 분명 북한이지만 파란색 막사 안의 북한이었다.

투어 내내 굉장히 긴장했던 것이 기억난다. 남한 측의 관광 회사와 군인들은 더 경직된 분위기였고, 사소한 실수가 아주 위험한 상황으로 번질 것 같은 느낌을 조성했다. 또한 사전에 북한의 선전 도구로 사용될 수 있기 때문에 북한을 도발할 수 있는 옷을 입지 말라고 재차 당부하기도 했다. 반면에 북한 측의 분위기는 훨씬 여유롭게 느껴졌고, 원하는 옷을 자유롭게 입을 수도 있었다. 두 나라의 관계가 개선되었기 때문일 수도 있고, 또는 국경을 방문하는 관광객들에게 특정한 인상을 남기려는 북한의 선전일 수도 있겠다.

파란 막사 앞에는 반듯한 제복을 입은 북한군 병사 3명이 우리 쪽을 바라보고 있다. 그들이 우리 쪽을 바라보고 있는 것은 우연이 아니다. 그들은 누구라도 국경을 넘으려고 한다면 바로 저지할 것이다. 반대로 남한 쪽에서는 관광객의 등을 지고 북한 방향을 보고 서 있는데 이는 국경을 넘고자 하는 사람을 바로 도울 수 있기 위해서다.

군사 분계선에 있는 파란 막사들

남한과 북한의 최근 관계를 설명하고 있는 군인 가이드

직항은 없다

남한 쪽을 바라보고 있는데, 아버지가 갑자기 껄껄 웃기 시작하셨다. 아버지는 남한에서 판문점을 세 번이나 방문하려 했지만, 세 번 모두 실패하셨다. 두 번은 정치 상황 때문이었고 한 번은 DMZ에서 퍼진 감염병 때문에 취소된 까닭이었다. 마침내 판문점을 방문했는데 그게 북한이라는 사실이 참 어이가 없으셨나 보다.

즐겁게 이 이야기를 나누고 있는데 박 씨가 설명을 시작했다. 그녀는 김정은이 문재인이 국경을 넘도록 초청한 순간에 대해 이야기하면서 마치 남북 재회의 꿈이 가까워진 듯 감정에 북받쳐 보였다. 이에 대해 이야기 나눌 시간은 없었지만, 우리의 가이드 박 씨가 이 상황에 대해 희망적으로 생각한다는 것이 감동적이었다. 그녀가 대놓고 말하지는 않았지만 남쪽으로 여행할 날을 기다리고 있다고 돌려 표현한 것처럼 들렸다.

"버스가 기다리고 있습니다!"

멀리서 김 씨의 목소리가 들렸다. 이제 떠날 시간이었다. 나는 마지막으로 국경 쪽을 바라봤는데 푸르디 푸른 하늘을 새 한 마리가 북쪽에서 남쪽으로 날아갔다.

'오직 새만이 동과 서 베를린을 날 수 있다네.
그들은 총에 맞지도 돌아오란 외침을 듣지도 않는다네.'

Klein Orkest, ⟨Over de muur⟩

이 네덜란드 밴드는 냉전 기간 유럽을 둘로 갈라놓은 철의 장막을 향해 노래했다. 냉전 시대의 유럽에서 만들어졌지만 지금은 이 한국의 상황에 잘 맞는 노래이다. 이 새들의 자유는 많은 사람들이 갈망하는 자유이다. 슬픈 감정이 몰려왔다. 누가 알겠는가? 어쩌면 두려움도 선전도 없는, 4km의 철조망과 지뢰밭이 없는, 그리고 수천 명의 군인들이 없는 이 장소에 나와 아내가 방문하게 될 날이 올지도 모른다는 것을.

개성에서 만난 성균관

우리는 버스를 타고 다시 개성에 돌아왔다. 이제 개성의 '고려 박물관'을 둘러보러 갔다. 이 박물관은 고려 시대와 조선 시대의 명망 있는 유교 기관인 성균관 건물을 소재하고 있다. 이 성균관은 북한의 국보로 지정되어 있고 992년 고려 시대에 설립되었지만, 조선의 이성계 왕조가 서울에 세워지면서 지위가 낮아졌다. 내가 한국에 처음 왔을 때 서울의 성균관 대학교에서 한국어를 공부했기 때문에 이 개성의 성균관을 보는 것이 의미가 있었다.

'성균관 대학교의 원조를 북한에서 보고 있다니!'

시내를 바라보니 마치 네덜란드 화가 안톤 픽의 오래된 그림처럼 움직이는 세상을 하나의 액자 속에서 보고 있는 듯한 느낌을 받았다. 용인에 있는 한국 민속촌 같아 보이지만, 그들은 실제로 존재하는 일상을 살아가고 있었다.

한 남자는 뒷짐을 지고 천천히 우리 버스 옆을 지나갔고 그 뒤를 흰색 염소가 고분고분 주인을 따라갔다. 앞에는 물통을 실은 지게를 진 남자가 걸어가고 있었다. 도로 옆 얼어붙은 얼음 위에서는 아이들이 손수 만든 나무 썰매를 타고 즐겁게 타고 놀고 있었는데, 아이들의 웃음소리와 비명 소리가 선명하게 우리 귀에 들려왔다. 거리에 나뭇가지로 가득 찬 지게를 짊어진 두 남자가 눈에 들어왔다. 남한에서는 이런 지게를 매는 사람을 거의

그림같은 개성 풍경

볼 수 없다. 카메라로 사진을 찍으려는데 화면 안에 한 아이가 얼음 위에서 뒤로 넘어져 머리를 부딪히는 장면이 들어왔다. 버스가 전진하며 아파하는 어린 아이는 집들 뒤로 사라졌고, 나는 그녀가 머리를 많이 다치지 않았길 바라는 것 외에 할 수 있는 것이 없었다.

박물관을 둘러보는 동안 일행들은 가이드의 설명에는 잘 귀를 기울이지 않았다. 우리 일행은 고려 왕조의 역사에는 그리 관심이 없어 보였고, 대신 박물관 입구에 있는 기념품 가게에 정신이 온통 팔려 있었다. 우리는 여기서 선전 엽서를 사서 해외로 보낼 수 있었다. 엽서를 받았는데 발송지가 북

직항은 없다

한이라니 '멋진데?' 하고 생각했다. 안타깝게도 인터넷이 없으니 친구들과 가족의 주소를 기억하기가 어려워서 나중에 아버지가 직접 카드를 부칠 수 있도록 몇 장 골라 네덜란드 집으로 보냈다. 물론 휘아에게도 보내고 싶었기 때문에 몰래 남한 주소가 적힌 엽서를 슬쩍 다른 엽서 사이에 낀 후 점원에게 내밀었다. 그 가게 점원은 그 남한 주소를 보지 못하고 카드 숫자만 세었고, 아버지와 나는 돈을 지불하고 걸어 나갔다.

'이래도 괜찮은 걸까?'

밖에는 다른 관광 일행이 있었는데 가이드가 낯이 익었다. 마이클 페일린이 다큐멘터리를 위해 북한을 방문했을 때 그를 안내했던 가이드였다. 나는 그녀에게 다가가 마이클이 어떤 사람인지 물었다. 그녀는 그가 '카리스마 있지만 친절한' 남자라고 답했다. 그녀는 마이클이 북한에 오기 전에 그가 유명하다고는 들었지만 그토록 유명한지는 몰랐다고 한다. 그와 함께한 경험이 그녀에게도 기억에 남는 경험이 아니었을까 싶다. 다른 질문을 더 하려고 하는데 갑자기 기념품 가게 점원의 열 받은 목소리가 들려왔다.

"바트!"

김 씨가 내게 소리쳤다. 모두가 놀라서 고개를 들고 끔찍한 일이 일어날까 봐 두려워했다. 다시 기념품 가게로 들어가자 내가 보낸 엽서들이 카운터 위에 흩어져 있었다.

"엽서를 남쪽으로 보내는 것은 불가능합니다."

김 씨가 말했다. 사실 불가능하다는 것을 알고 있었지만 시도해 보고 싶었던 것 같다. 휘아가 북한에서 온 엽서를 받고 놀라는 모습을 보고 싶었기 때문이다. 시도라도 해 본 걸로 만족했다. 김 씨는 내게 엽서를 다시 주었고 남한에 갈 때 직접 가지고 가라고 말했다.

우리는 점심으로 보신탕과 궁중 요리 둘 중에서 선택할 수 있었다. 나와 아버지는 궁중 요리를 선택했다. 메뉴에 개 요리가 있는 것이 그렇게 놀랍지는 않았다. 오늘날 남한에서도 여전히 보신탕을 먹기 때문이다. 물론 점점 찾는 사람이 없어지고는 있지만 길을 걷다가 보신탕 집을 발견하는 것은 꽤 흔한 일이다.

많은 사람들이 궁중 요리를 선택했고 오직 두세 명만 보신탕을 선택했다. 개성은 고려의 수도이기 때문에 궁중 요리를 먹을 기회를 놓치고 싶지 않았다.

"왕이 먹는 음식이에요."

김 씨가 말했다. 다양한 반찬들로 구성된 상이 차려졌다. 시각적으로도 아름다웠고 물론 맛 또한 일품이었다. 금빛 접시들 위에 깔끔하게 진열된 음식들은 식사를 시작한 지 얼마 안 돼 가장 맛있었던 북한 음식으로 자리 매김했다.

개성 시가지, 개성의 거리

우리는 개성의 시가지 중앙의 바위와 소나무가 있는 자남산의 정상을 향해 올라갔다. 저 멀리 개 짖는 소리가 들려오는데 북한을 여행하는 동안 한 번도 개 짖는 소리를 들은 적이 없다는 것을 깨달았다. 내 옆에 한 일행의 얼굴이 구겨져 있었다. 방금 점심으로 보신탕을 먹었는데 개 소리를 들으니 심경이 복잡한 모양이었다.

"이게 마지막일 거야."

그가 중얼거렸다. 그 개 짖는 소리는 마을에서 가장 오래된 지역의 좁은 골목에서 들려왔는데 그 경치가 아주 경이로웠다. 빽빽하게 지어진 수 백 채의 한옥들은 100년은 족히 되어 보였고 그 아름다운 원형을 지키고 있었다. 전쟁은 개성까지 도달하지 못했고 개성은 한옥의 바다로 남았다. 우리는 언덕 위에서 경치를 감상할 수 있었지만 안타깝게도 마을 사이의 골목을 걸어 다닐 수는 없었다. 너무 아쉬웠다. 작은 골목 사이사이를 걷는 것은 나의 주특기이기 때문이다. 나의 호기심은 절정에 달했고 또 한번 손이 닿을 듯한 거리가 세상에서 가장 먼 거리처럼 느껴졌다. 관광객들이 볼 수 없는 골목길에는 대체 무엇이 있을까?

조심스럽게 절벽 가장자리로 가 봤지만 내려가기에는 너무 가팔랐다. 나는 절벽 아래에서 담배를 피우고 있는 두 북한 남자를 발견했다. 일상적인 자리처럼 보이지 않았고, 옆에는 내용물을 알 수 없는 커다란 가방이 놓여 있었다. 그리고 그 주변의 마른 풀 위에는 쓰레기가 너저분하게 버려져 있었다. 그 남자들 중 한 명이 내가 서 있는 것을 발견하고는 나의 카메라 렌즈를 똑바로 응시했다. 나는 그들을 도찰하려는 의도는 없었기에 황급히 카메라를 치웠다. 2분 후, 그들과 다시 눈을 마주쳤고 나는 손을 흔들어 보았지만, 그 남자들은 즉시 절벽 밑으로 자리를 피했다.

이 글을 읽고 있는 독자로서 내가 왜 이런 이야기를 쓰고 있는지 궁금할 것이다. 내가 말하는 이 순간들은 아주 찰나의 순간들이며, 그들은 우리가 잘 볼 수 없는 곳에서 그들의 삶을 살아가고 있고, 나는 그저 추측을 할 뿐이라는 것을 말하고 싶다. 하지만 이런 맥락과 순간들은 모두 내게 특별한 의

위에서 내려다본 개성 풍경

미를 부여한다. 이런 순간들이 이 여행을 내가 예상했던 것에서 벗어나도록 만들고, 더 많은 질문들을 일으킨다. 그 남자들은 무엇을 하고 있었을까? 왜 그들은 내 눈앞에서 사라졌을까? 왜 우리는 이 언덕 아래에 내려가 아름답고 오래된 한옥 사이를 걸을 수 없을까? 방금 내가 평양 밖에서 접근하기 어려운 일반 북한 시민들의 진짜 모습을 얼핏 마주한 것일까?

개성을 떠나 사리원으로 향하는 길에, 버스가 잠시 군사 검문소에 정차했다. 김 씨와 박 씨는 우리에게 카메라를 사용하지 말라고 당부했다. 검문소에서 우리 버스를 검문하는 동안 나는 상점으로 달려갔다. 원래 상점을 들리는 일정은 아니었지만, 나는 화장실을 가야 한다고 했고 가이드는 어쩔

오래된 개성 마을을 배경으로 포즈를 취하는 나

직항은 없다

수 없이 허락해 주었다. 이 변명은 거절할 수 없기에 북한을 포함한 아닌 세계 어디에서나 잘 먹히는 방법이다

이곳의 상점에는 처음보는 다양한 상품이 많았는데, 내 시선은 바로 경흥이라는 브랜드가 새겨진 오렌지색 맥주 캔의 라벨에 닿았다. 한 시간 남은 버스 안에서의 여정에 맥주가 곁들여진다면 좋을 것이라 생각했기에 맥주를 사고 버스에 들어왔다. 버스에서 맥주 캔을 살펴보는데 캔에 붙어있는 라벨이 왠지 어설퍼 보였다. 마치 자기를 벗겨 보라는 듯 유혹하는 라벨을 떼어내 보니 이 맥주 캔이 오렌지색인 이유가 드러났다. 경흥 맥주 라벨 뒤에 오렌지 맛 음료의 라벨이 있던 것이다. 공장의 상표가 똑같았기 때문에 오렌지 맛 음료로 쓰였던 캔이 맥주로 재활용된 것 같았다. 북한은 정말이지 놀라움의 연속이다.

맥주 라벨이 붙어있던 오렌지 주스 캔

여행의 하이라이트 사리원

　한 시간 동안 사리원까지 가는 길은 그 자체로 볼거리가 많았다. 대전차 여러 대와 적군의 탱크가 감지되면 폭발하는 콘크리트 블록 등을 지나쳤다. 남한의 국경 근처에서도 비슷한 시설물들을 많이 찾을 수 있다. 이 도로는 처음부터 끝까지 너무 울퉁불퉁해서 카메라를 고정할 수가 없었다. 도로를 따라 나무들이 심어져 있고, 터널 앞에는 군인들이 지키고 있는 망루가 있었다. 도시 밖의 다른 도로들과 마찬가지로, 몇 대의 차들 만이 텅 빈 도로를 달리고 있었다. 버스 안은 조용했다. 아마 빡빡한 일정에 모든 일행이 지친 것 같았다. 김 씨와 박 씨도 말이 없었다.

　버스는 황해북도의 수도인 사리원으로 천천히 들어갔다. 박 씨는 우리에게 두 가지 선택지가 있다고 알려주었다. 사리원의 노동자 계층 지역을 내려다볼 수 있는 언덕 정상에 올라가거나, 얼어붙은 호수 위를 걷는 것이라고 했다. 나는 박 씨에게 호수에서 자유롭게 걸어 다닐 수 있냐고 했더니 박 씨는 그렇다고 했다. 아버지는 언덕을 오르는 것을 선택하셨고 나는 얼음 위를 걷기로 했다. 두 곳 모두 놓치기 싫은 부자의 선택이었다.

　버스 문이 열리고 나는 다른 남자 일행들과 함께 밖으로 나갔다. 호수는 꽁꽁 얼어붙어 있었고 그 위로 북한 주민들이 가득했다. 박 씨와 김 씨, 카메라맨은 동행하지 않았다. 우리는 신나서 얼음 위로 뛰어올라 섰는데, 마치

　　　　　　　　　　　　　　　　　　　　　직항은 없다

어린 시절로 돌아간 것 같았다. 어렸을 때 나의 고향 그라베에서는 겨울에 호수가 꽁꽁 얼면 모두 스케이트를 들고 뛰어나가곤 했다. 안타깝게도 최근 몇 년 동안은 겨울이 예전만큼 춥지 않아 그럴 기회가 없었는데, 간만에 얼음 위를 즐길 기회를 북한에서 갖게 되어 너무 기뻤다. 북한 아이들이 썰매와 스케이트를 타는 광경이 나의 기쁨을 증폭시켰다.

호수 한 가운데로 걸어가며 친근한 교류를 나눌 북한 주민들을 찾았지만, 즐거움은 곧 긴장감으로 변했다. 남자 서넛이 우리 뒤를 느리게 따라왔기 때문이다. 그 남자들은 북한 주민들이 우리에게 관심을 보이는 것 같으면 그들을 알게 모르게 제재했고, 분명 우리를 감시하고 있었다. 나는 도리어 그 남자들 중 한 명과 대화를 해 보려고 했지만 그는 재빨리 등을 돌렸다.

우리는 박 씨의 허락이 있었기 때문에 계속 걷기로 했다. 우리는 호수의 반대편까지 걸어갔고, 그곳에서 한 북한 부녀와 눈이 마주쳤다. 그 북한 소

사리원의 얼음 위 풍경

녀는 내게 활짝 웃어주었고, 아버지는 그 아이에게 인사를 하도록 유도했다. 내가 그녀의 이름을 세 번이나 잘못 발음했는데 그 소녀는 사랑스럽게 짜증을 내기도 했다. 소녀와 계속 이야기를 나누는데 뒤에서 박 씨의 목소리가 들려왔다. 가이드가 우리를 찾으러 온 것이다.

내가 박 씨에게 우리를 쫓아온 남자들에 대해 말하자, 그녀는 별다른 대답 없이 그 남자들에게 다가가 말을 걸었고, 몇 초가 지나자 문제가 해결된 것 같아 보였다. 박 씨는 이곳의 현지인들이 외국인들에게 익숙하지 않고 특히 가이드가 없이 돌아다니면 불안해할 것이라며, 더 이상 시내로 걸어 들어가지 않는 것이 좋겠다고 말했다. 평양이었으면 괜찮았을 거라고도 덧붙였다. 현지인들이 외국인들을 보며 '불안해한다'라는 그녀의 말이 참 솔직하다 느껴졌는데, 그녀는 별 의미를 두지 않는 듯했다.

박 씨와 함께 우리는 다시 얼음 위를 걸으며 버스로 걸어가는 중 나는 몇 번 마주쳤던 또 다른 소녀에게 말을 걸어보고 싶었다. 나는 그녀의 옆에 다가가 앉아 그녀의 이름을 물었다. 그녀는 내 옆에 서서 수줍게 서서 이름을 알려주고 가족과 함께 스케이트를 타러 왔다고 말했다. 많은 사람들이 호숫가 가장자리에 서서 이 광경을 지켜보았고, 가족들은 얼음 위에 서서 용기 있게 외국인과 이야기를 나누는 딸을 흐뭇하게 바라보았다.

나는 가족에게 사진을 찍어도 되냐고 물었는데, 그들은 내가 그들의 핸드폰으로 사진을 찍어도 되냐는 것으로 오해한 것 같았다. 하지만 신기하게도 구경꾼 중 아무도 핸드폰을 가지고 있지 않았다. 거의 모든 사람들이 휴대폰을 갖고 있던 평양과 극명하게 대비되었다. 나는 박 씨에게 내 휴대폰을 건네 주며 내 휴대폰으로 이 소녀와 나를 찍어 달라고 말했다. 나는 이 사

직항은 없다

진을 북한 여행에서 찍은 사진 중 가장 좋아한다. 이 사진은 많은 맥락을 담고 있다. 특히 사진 왼쪽 뒤편에 한 남자가 나를 촬영하고 있는 것을 나중에 발견했는데, 눈에 확 띄지는 않지만 우리가 이 당시 계속 감시당하고 있다고 결론지을 만큼 확실했다. 아무도 휴대폰이 없는 장소에서 한 사람만이 카메라를 들고 서 있는 사실이 이상하게 느껴졌다.

소녀와 찍은 사진

얼음 위에서 아이와 이야기 하는 중(모두가 지켜보고 있다)

우리를 향한 가이드들의 감시가 느슨해진 것이 분명했다. 뒤에서 누가 나의 어깨를 두드렸는데, 우리 일행 중 한 남자가 라벨이 없는 큰 플라스틱 막걸리 한 병을 내게 보여줬다. 그는 사리원에서 한 판매대에서 그 병을 샀다고 했다. 원래 북한 화폐가 없으면 살 수 없지만 그 점원이 달러를 몰래 받았다고 했다. 집에서 담근 수제 막걸리를 10달러나 주고 샀다는 건데, 가이드들이 알아채지 못해서 다행이라고 해야 할까? 그는 코트 속에 막걸리 병을 숨긴 뒤 버스에서는 단 한 순간도 꺼내지 않았다. 북한에서 만든 그 수제 막걸리의 맛이 어땠을지 정말 궁금하다.

여행이 거의 끝나 가서 그런지 버스 안에는 왠지 우울한 분위기가 감돌았다. 시간은 순식간에 지나갔고 가이드들을 포함한 모든 일행은 서로 많이 가까워졌다. 김 씨는 마이크를 잡고 분위기를 띄우며 마지막까지 가이드로서의 역할을 하기 시작했다.

요즘 한국에서는 자신의 MBTI를 아는 것이 유행이다. 휘아는 나에게 이 검사를 하라고 귀가 닳도록 말했고 결과는 'INTJ'가 나왔다. 여기서 'I'는 내성적인 사람을 의미한다. 이 내성적인 사람이 가장 두려워하는 상황을 김 씨가 버스에서 조성하고 있었다. 김 씨는 버스에서 노래방 기계를 사용할 기회가 많이 없어 실망스럽지 않았냐며 일행들을 보며 노래를 하고 싶은 사람이 있냐고 물었다. 만약 아무도 자발적으로 나서지 않는다면 한 명을 지목해서 시킬 작정이었다. 나는 손에 땀이 나기 시작했고 내가 투명인간이길 빌었다. 아무도 자원하지 않았고, 그 스웨덴 유튜버조차 손을 들지 않았다.

"알겠습니다. 그럼 제가 먼저 할 테니 다음에는 다른 사람이 해야 합니다!"

김 씨가 말했다. 다행이다! 김 씨는 우리에게 팝송을 듣고 싶은지 물었다.

"네!"

모두가 외쳤다.

"제발 창문 밖으로 뛰어내리지 마세요."

그녀가 노래를 시작하기 전 밑밥을 깔았다. 첫 소절을 듣자마자 난 이미 그녀의 입에서 나오는 모든 단어를 음미하고 있었다. 여행 중에 종종 들려왔던 〈가리라, 백두산으로〉라는 노래를 어느새 무의식적으로 좋아하고 있었는지 김 씨의 입에서 이 노래가 나오자 온 몸에 소름이 돋았다. 사리원은 천천히 우리 뒤로 사라져갔고, 우리는 다시 평양 안으로 들어가고 있었다. 크고 화려한 학교 건물 정면에서 웃고 있는 김일성과 김정일의 초상을 마지막으로 도시에는 어둠이 내렸다.

북한에서의 마지막 식사, 그리고 깜짝 쇼

보통강 호텔 카운터

　버스는 우리를 보통강 호텔로 데려다 주었다. 이곳이 우리가 마지막 밤을 보낼 장소다. 호텔에서 우리의 저녁 식사를 위한 독점 쇼를 준비했기 때문에 쉴 시간이 없었다. 우리는 회전하는 레일 위에 다양한 축제 음식이 차려진 원형 식탁에 앉았다. 다른 관광 일행도 합류했다.

　음식을 입에 넣자마자 무대의 불빛이 어두워지면서 젊은 북한 여성 공연자들이 무대 위에 나타났다. 이 호텔의 모든 북한 직원들이 우리에게 마지막으로 강렬한 인상을 남기기 위해 열과 성을 다해 이 저녁식사를 준비한 것 같았다. 우리 일행은 조용한 편이었지만 소소하게 즐거운 시간을 보내고 있었고, 다른 일행에는 기차에서 만났던 체코 커플이 폭발적으로 열광하고 있었다. 그들은 심지어 북한 티셔츠를 입고, 이 국가를 입이 마르도록 칭찬했다.

이전에 한번도 들어본 적 없는 북한 노래들이 계속해서 들려왔고, 음식이 거의 사라져갈 즘, 내가 버스에서 두려워했던 일이 또 한번 일어났다. 나같이 내성적인 사람은 유독 이런 일이 일어나려고 할 때 심장이 벌렁거리는 감지 센서를 갖고 있다. 바로, 공연자들이 관중석에 있는 사람들을 무대로 끌고 와 함께 춤을 추기 시작한 것이다. 북한에서의 마지막 날, 내 최악의 악몽이 실현되도록 놔둘 수 없었다. 다음 곡으로 김 씨가 버스에서 불렀던 노래인 〈가리라, 백두산으로〉가 울려 퍼졌다. 나는 즐겁게 박수를 치며 모든 것들을 카메라에 담고 있었는데, 한 가수가 점점 우리 테이블 앞으로 춤을 추며 걸어왔다.

'안 돼!'

결국 악몽은 현실이 되었다. 그녀는 손을 뻗어 나를 무대 앞으로 데리고 나갔다. 나는 너무 당황해서 카메라를 탁자 위에 올려놓았는데, 하필 카메라의 각도가 우리 일행 쪽이어서 노래가 끝날 때까지 당황한 나를 보고 열성적으로 박수 치시는 아버지와 우리 일행만 카메라에 담겼다. 나는 덜덜 떠는 몸짓으로 그녀의 몸짓을 따라하려 애썼다. 내 키는 이런 부드러운 춤에

마지막 밤의 어색한 나의 춤

어울리지 않는 데다가 이토록 많은 관객들 앞에서 나보다 훨씬 작은 여성의 손을 잡고 춤을 추는 것은 아주 고역이다. 그나마 내가 이 노래를 알고 좋아한 것이 다행이었다. 박자 감각이 전혀 없는 나는 한 그루 나무가 되어 무대 위에서 뚝딱거렸고, 3분 동안 선보여진 나무의 춤은 카메라 화면 어디에도 녹화되지 않았다.

이 저녁의 마지막 곡으로 ABBA의 〈Happy New Year〉라는 곡이 흘러나왔다. 참 즐거운 저녁식사였지만, 왠지 내 마음 속 한구석에서는 찝찝한 기분이 올라왔다.

술, 훌륭한 음식, 그리고 음악이 즐거운 축제 분위기를 만들어냈고, 잠시 동안 우리는 우리가 어디에 있는지 잊은 것 같았다. 가이드들도 자신의 역할을 잊고 우리와 함께 즐거운 시간을 보냈다. 심지어 우리는 박 씨에게 맥주를 권했고 그녀는 웃으며 함께 맥주를 마셨다. 일행과 가이드 사이에 존재했던 긴장감은 온데간데없어졌고, 가이드들은 우리를 신뢰하며 많은 것들을 허용해 주었다. 이 저녁은 우리가 쌓아온 우정의 결과를 보여주듯 즐거움과 웃음으로 가득했다.

그러나 나는 내가 북한에서 이렇게 좋은 시간을 보내고 있다는 사실이 왠지 불편해졌다. 우리는 이 웃음이 넘치는 식당 밖에서 어떤 현실이 일어나는지 보거나 들을 수 없다. 'No Freedom 자유는 없다'이라는 표현도 부족한

마지막 저녁의 호텔 풍경

이 나라에서 춤을 추고 술을 마시는 게 파렴치하게 느껴졌다.

나는 의식적으로 이 생각을 하려고 했지만, 굳이 일행에게 이것을 티 내려 하진 않았다. 굳은 얼굴로 팔짱을 끼고 앉아 있는 것 역시 아무런 도움이 되지는 않는다. 북한 가이드들은 이 순간만큼은 현실과 멀리 떨어진 곳에 있었고, 그들을 가로막던 벽이 무너지자 더욱 진지한 대화를 나눌 수 있었다. 결국 지금 내가 경험하고 있는 이 상황은 그저 전 세계에서 온 사람들이 한 식탁 앞에 앉아 즐거운 시간을 보내는 것이다. 체코 커플과 같은 몇몇 사람들은 이 여행이 주는 환상적인 이미지들을 그대로 받아들였으나, 다행히 대부분은 이 모든 것을 꿰뚫어 보는 듯했다.

이 날, 나는 말 그대로, 혹은 상징적으로, 남한을 향해 돌을 던지면 닿을 거리에 서 있었다. 가깝지만 너무 먼 곳. 나는 내가 남한의 작은 조각을 북한에 가져온 것 같다고 생각했다.

부흥역 — 개선역 — 주체사상탑 — 문수 물놀이장

자남산 호텔 — 조국통일3대헌장 기념탑 — 김일성화 김정일화 전시장

선죽교 — 판문점 — 개성 성균관 (고려 박물관) — 자남산 — 사리원 — 보통강 호텔

PART 5

그리고 다시 서울

굿바이 북한

마지막 날이 밝았다. 이제 공항에서 베이징으로 가는 비행기를 타고 북한을 떠날 시간이었다. 많은 나라에서는 출국할 공항에 도착하면 여행을 향한 모든 감정이 정리가 되는 편이지만, 북한 여행은 다르다. 베이징에서 안전하게 입국 심사를 통과할 때까지는 끝난 게 끝난 것이 아니다. 아버지와 나는 여행에 대한 만족감뿐만 아니라 이 여행의 끝이 보인다는 안도감도 함께 나눴다. 그러나 머릿속에 다시 오토 웜비어에 대한 생각이 떨쳐지지 않았다. 그 또한 공항에서 체포되었기 때문이다.

어떻게 보면 공항은 우리 앞에 놓인 마지막 '고비'였다.

마지막으로 버스를 타고 가는 동안 고려투어 가이드가 체크인 준비를 했다. 우리는 북한에 반입한 물품들을 적었고, 우리가 알거나 혹은 알지 못하는 사이에 북한에 어떤 것도 놓고 가지 않는다는 약속에 서명했다. 공항에서 회색 종이의 북한 비자를 반납하면 우리의 여권을 돌려받을 수 있었다. 북한이 우리의 여권을 잃어버리지 않길 빌었다. 물론 북한 당국에서 우리 여권을 잘 보관했겠지만 여권 없이 여행하는 것은 여전히 불안하다.

보통강 호텔의 아침 풍경

버스가 공항에 다가가며 터미널이 서서히 시야에 들어왔다. 우리는 버스에서 짐을 내리고 출발장으로 걸어 들어갔다. 내 여행 가방은 새 기념품들로 가득 차 훨씬 무거워진 반면에, 아버지의 여행 가방은 가이드들에게 줄 기념품들로 차 있었기 때문에 훨씬 더 가벼운 상태였다. 여행 전에 고려 투어에서 북한 가이드에게 감사를 표하는 개인적인 선물을 가져와도 된다는 안내 사항을 받았기 때문에 아버지는 위스키 두 병과 네널란드 스트룹 와플을 가지고 오셨다. 고려 투어에 따르면, 이런 개인적인 선물은 중간에서 가로챌 일 없이 가이드들이 집으로 가져가기 때문에 아주 고마워할 것이라고 말했다.

아버지는 여행 일정 도중 눈에 띄지 않게 박 씨와 김 씨에게 이 기념품들을 전달하는 데 성공했고 가이드들은 매우 고마워했다. 안타깝지만 우리는 가이드들이 그 위스키를 좋아했는지, 누구와 함께 마셨는지 결코 알 수 없을 것이다.

보통강 호텔의 주차장

직항은 없다

고려항공에 탑승하다

출국장에 가면 항상 세계 어디로 비행기를 타고 갈 수 있다는 상상을 하게 하지만, 이곳은 출국장 전광판에 오직 우리가 탈 비행기만이 표시되어 있었다. 이른 아침인데도 불구하고 이 날의 비행은 오직 하나뿐이었다. 우리는 여권을

하루의 모든 비행이 표시되는 고려 항공의 전광판

돌려받은 뒤, 박 씨와 김 씨에게 작별을 고하며 부드럽게 포옹했다. '다음 만날 그날까지' 라는 어색한 인사와 함께 말이다.

불가능하지는 않겠지만 가능성이 아주 낮을 것이다. 북한 장기 방문을 두 번이나 한 나의 친구는 첫 방문 때 평양의 누군가와 친구가 된 적이 있다고 한다. 5년 만에 다시 평양에 돌아온 그녀는 그 친구가 여전히 평양에 있는지 수소문했고, 결국 친구를 다시 만날 수 있었다. 문제는 내가 과연 북한을 한 번 더 여행할 수 있느냐 하는 것이다. 나는 유튜브에 북한에 대한 많은 영상을 올렸고, 북한이 나의 입국을 다시 한번 허락할지는 확실하지 않다. 현재, 북한의 대문은 코로나로 인해 굳게 닫혀 있고 국경이 다시 열릴 때 어떤 새로운 여행 규칙이 생길지도 알 수 없다.

김 씨와 박 씨는 여행을 하는 동안 일행들과 매우 가까워졌다. 그들은 일을 하며 외국인들과 접촉할 수 있고 대화를 나눌 수 있는 몇 안 되는 북한 사람들 중 하나이다. 그들은 전세계의 외국인들과 접촉하고, 선물을 받고, 다른 나라의 관습과 가치에 대해 배운다. 이것이 정말 그들의 이념에 아무런 영향을 미치지 않을까? 상상하기 어렵지만, 함부로 단정지을 수는 없다. 바이러스로 국경이 폐쇄된 후 3년 동안 입출국 하는 사람이 없으니, 박 씨와 김 씨는 지금 '무엇을 하고 있을까?' 혹은 '생계를 위해 무슨 일을 하고 있을까?'라는 많은 질문이 머릿속에 맴돈다.

박 씨는 모두와 친구처럼 지냈지만 한 영국 남자와는 조금 특별해 보였다. 우리와 함께 기차를 타고 같이 들어온 런던 출신 영국인 말이다. 박 씨와 그 영국인은 버스를 타는 동안 한번 버스 뒤에 함께 앉았는데 둘 사이의 건강한 긴장감을 모두가 느낄 수 있었다. 심지어 우린 그 두 사람을 '비공식 커플'로 선언하며 놀릴 정도였다. 물론 재미로 한 행동이었지만 한편으로 진지하기도 했다. 박 씨도 그 남자도 이를 부인하지 않았다. 나는 박 씨에게 그 남자가 마음에 드는지 물었고, 박 씨는 웃음만 남기며 내 상상에 대답을 맡겼다.

모든 기념품, 심지어 북한 화폐까지 문제없이 공항 보안을 통과했다. 이제 이 독특하고 악명 높은 고려 항공의 비행 서비스를 경험할 시간이다. 고려항공은 온라인에서 평점 1점으로 유명하기 때문에 그 명성에 걸맞는 '최악'의 서비스가 우리를 기다리고 있을지 궁금했다.

우리는 시간이 남아 마지막 기념품 상점을 구경하기로 했다. 나는 그 상점에서 최신 '평양 타임즈' 몇 부, 모란봉악단의 DVD와 CD를 구매했다. 물론 요즘 CD와 DVD를 거의 사용하진 않지만 기념품으로는 괜찮을 것 같았다. 이 여행은 분명 내 음악 취향에 영향을 주었다. 나는 모란봉의 노래를 매우 좋아하게 되었고, 3년이 지난 지금도 여전히 많은 노래를 따라 부를 수 있다.

모란봉악단의 CD와 DVD

고려 항공의 비행기

티켓을 마지막으로 검사하고, 우리는 출국할 준비가 되었다. 나는 창가 쪽 좌석에 앉았는데 좌석 공간이 유럽에서 탄 대부분의 항공사에 비해 나쁘지 않았다. 사실 고려 항공의 좌석은 내가 유럽에서 경험했던 대부분의 단거리 비행에 비해 양호했다. 비행 준비가 끝나고 승무원이 안전 설명을 시작했다. 나는 지금껏 해왔던 다른 여행들처럼 이 모습 또한 카메라에 담으려 했는데 날카로운 목소리가 들려왔다.

"실례지만 기내 안에서는 촬영 금지입니다."

승무원은 강경한 톤으로 말했고 여행 처음으로 영상을 지워 달라는 요청을 받았다. 승무원은 내가 지웠다고 말했는데도 믿지 않으며 눈으로 직접 확인하려고 했다. 나는 그녀가 내 카메라를 조작하는 것을 초조하게 지켜보았고, 제발 다른 영상들을 삭제하지 않기를 바랐다. 그렇다면 내가 계획해둔 앞으로의 유튜브 경력은 무용지물이 될 것이다. 그녀는 카메라를 돌려주었고, 다행히 나머지 영상들은 그대로 있었다. 나는 카메라를 짐에 넣고는 아버지에게 충분히 찍을 만큼 찍었다고 말했다. 기내식으로 나온 치즈, 햄, 오이가 들어간 삼단 샌드위치는 꽤 맛이 좋았고 그 무서운 승무원을 제외한다면 쾌적한 비행이었다. 별 1개는 좀 박한 점수가 아닌가 싶었다.

비행기에서 보는 북한 신문

다시, 옥탑방으로

베이징 공항에 도착하자 여행이 무사히 끝났다는 안도의 물결이 우리를 감쌌다. 6일간의 여행은 너무나도 강렬했고, 여행 전 가졌던 수십 가지 궁금증은 배가 되었다. 내 안에는 이제 천 가지 질문이 차오르고 있다. 나는 이제 내가 무엇을 해야 하는지 깨달았다. 북한을 더 잘 이해하고 싶어졌다.

중국 땅에 첫발을 내딛자 기분이 묘했다. 창문을 통해 마지막으로 고려 항공 비행기를 바라보았다. 끝이었다. 나와 아버지는 지쳤기 때문에 많은 대화를 나눌 수 없었다. 아마 우리가 각자의 집에 도착해서야 이 여행을 제대로 소화시킬 수 있을 것이다. 일행은 모두 뿔뿔이 흩어져야 했기에 급하게 작별인사를 하거나 그조차도 하지 못했다. 나는 더 이상 촬영할 힘이 남아 있지 않았다. 비행기에서 내린 순간부터 마치 연극의 막이 내린 것 같았다. 머릿속엔 인천공항에 마중 나올 휘아 생각뿐이었다.

베이징에서 아버지는 네덜란드로, 나는 서울로 돌아간다. 이 여행은 아버지와 아들로서 꼭 필요했던 시간이었고 우리의 이해관계가 겹치는 모험이었다. 아버지가 내게 동 베를린과 소련에 대한 이야기를 해 주신 것처럼, 나도 나의 미래의 아이들에게 이 모든 경험을 이야기해 줄 것이다. 그 때의 남북한의 관계는 과연 어떤 모습일까? 한반도의 미래는 아무것도 확실한 것이 없다.

직항은 없다

나는 인천행 비행기를 위해 또다시 9시간을 기다려야 했고, 아버지는 한 시간 안에 다른 게이트로 가야 했다. 우리는 서둘러 악수와 포옹을 하고 집에 도착하면 전화하기로 했다.

아버지가 시야에서 사라지자 나는 가장 먼저 휘아에게 메세지를 보냈다. 나는 그녀에게 집에 거의 다 왔다고 말했다. 순간적으로 휘아를 처음 보았을 때 느꼈던 것 같은 간질거림이 아랫배에 느껴졌다. 그녀 없이 6일을 보내는 것은 견딜 수 있지만 북한에서의 6일은 전혀 다른 이야기이다.

그녀는 국경의 남쪽에서 태어났다. 그렇지 않았다면 나는 그녀를 결코 만나지 못했을 것이다. 이 깨달음은 그 어느때보다도 커졌다. 반쯤 비어 있는 인천행 비행기에 오르니 휘아 생각밖에 나지 않았다. 그러다 문득 남한 출입국 검사에 생각이 미치자 손에 땀이 나기 시작했다. 내가 북한에 갔었다는 것을 그들이 알까? 그들이 내 짐을 뒤지다가 기념품들을 발견하고는 북한에 대한 충성 증거로 여겨 압수해 가면 어떡하지? 캐리어에 한가득 담아온 북한 기념품들이 가장 큰 걱정거리였다.

공항에 도착한 나는 긴장한 채 입국 심사 줄을 섰지만 놀랍게도 모든 절차는 순조롭게 진행되었다. 그들은 내가 어디에 다녀왔는지 물어보지 않았고, 내 여행 가방도 열리지 않았다. 나는 재빨리 수하물을 찾은 뒤 휘아가 기다리고 있는 입국장으로 달려갔다.

그러나 휘아는 어디에도 보이지 않았다. 바로 그녀에게 전화를 했는데 그녀는 조금 늦었다며 거의 다 왔다고 했다. 흥분이 너무 커서 실망감도 느껴지지 않았다. 나는 곧바로 스타벅스에서 커피를 주문했다. 휘아 다음으로 가장 기대했던 것이 커피였기 때문이다.

순간 기둥 뒤에 숨어있던 행복한 얼굴이 눈에 들어왔다. 휘아였다. 나는 순식간에 기둥으로 달려가 휘아를 두 팔로 가득 안았다. 우리는 서둘러 집 근처의 단골 고기집으로 갔고 세 시간 동안 쉬지 않고 나의 여행에 대해 이야기했다. 휘아는 나의 경험에 대해 더 듣고 싶어 견딜 수 없어 했고, 우리의 아늑한 옥탑방의 불은 밤새도록 켜져 있었다.

옥탑방 침대 위에 펼쳐놓은 북한 기념품들

옥탑방의 테라스

직항은 없다

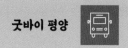

굿바이 평양

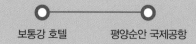

보통강 호텔   평양순안 국제공항

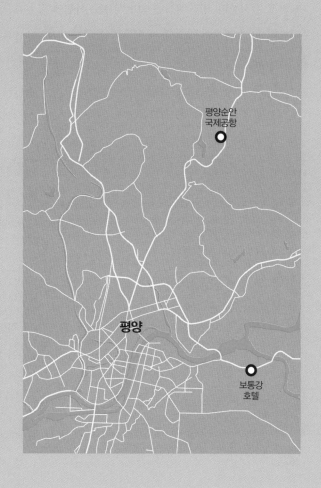

평양순안
국제공항

평양

보통강
호텔

나는 북한을 방문하는 관광객들이 이 국가를 구경하는 데 있어 매우 제한적이라는 점을 강조하고 싶다. 정부에서는 관광산업을 매우 엄격하게 통제하고 감시한다. 방문객들은 일반적으로 사전에 승인된 특정 장소만 갈 수 있으며 항상 정부가 승인한 가이드와 동행해야 한다. 관광객들에게 제공되는 정보와 경험은 많은 부분에서 북한의 실제 삶을 정확하게 반영하지 못한다. 게다가 인터넷 사용이나 표현의 자유와 같이 다른 나라에서 정상적으로 여겨지는 것들이 북한에서 가능하지 않기 때문에 관광객들이 알아서는 안 되는 정보들로 가득하다.

이 책은 코로나가 유행하기 직전 북한에 다녀온 6일간의 여행을 마치고 쓴 기록이며, 그 경험을 주관적으로 서술한 여행기이다. 그러므로 책의 구체적인 내용에 대해서는 다양한 자료를 바탕으로 자신만의 조사를 하는 것을 추천한다.

한편 이 여행은 나의 인생과 경력을 완전히 바꾸어 놓았는데 이에 대해 더 자세히 설명하겠다. 옥탑방에서 나는 이 북한 여행 경험에 대해 기록하고 정리하기 시작했다. 나는 유튜브 채널 〈아이고바트〉에 다큐멘터리 형식으로 이 여행을 공개할 생각에 매우 들떠 있었다.

첫번째 영상 편집을 마치고 업로드했을 때 기대와는 달리 부진한 반응에 실망했지만 4번째 영상을 업로드 할 때 아주 놀라운 일이 일어났다. 북한 시리즈가 바이럴이 된 것이다. 나의 유튜브 채널은 단 며칠 만에 4만 명의 팔로워로 치솟았고, 나는 다른 유명 유튜브 채널이나 남한 언론에 주목받으며 다양한 쇼와 뉴스 프로그램에 초대받았다. 한국어 자막이 있는 나의 독특한 북한 여행 영상은 다른 북한에 다녀온 여행 유튜버들과 차별점이 있었다.

처음에는 내가 전문가가 아니라는 점 때문에 방송 출연이 불편했다. 하지만 그들은 북한에 대한 전문성이 아니라 나의 독특한 여행 경험을 공유해주는 것을 바랐고, 나는 그들의 기대에 부응하며 나의 경험을 최대한 솔직하게 공유했다. 유튜브 채널의 구독자와 미디어의 관심이 폭발적으로 증가하면서 길거리에서 알아보는 사람이 생겼고 다른 유튜버들의 러브콜이 이어졌다. 이는 압도적이었지만 한편으로 내가 이들을 누릴 자격이 있는지에 대한 궁금증도 있었다.

북한 여행 영상을 모두 업로드한 후 나는 어떤 새로운 콘텐츠를 만들어야 하는지 막다른 길에 부딪혔다. 북한 같은 또 다른 극단적인 여행은 재정적으로 불가능했고, 남한을 여행하는 것은 많은 사람들의 관심을 끌지 못했다. 이는 결국 스트레스, 우울증, 그리고 창의력이 결여되는 시기로 이어졌다. 나는 2년 동안 나의 관심과 팔로워들의 관심을 동시에 만족시킬 수 있는 콘텐츠를 찾기 위해 노력했고, 스트레스를 받는 기간 내내 한 가지 주제에 집중했다. 바로 '북한'이다. 나는 탈북자들의 이야기를 수집했고, 북한 전문가들과 친구가 되었다. 이 경험으로 나는 북한의 문화, 경제, 정치, 권력 관계에 대해 많은 것을 배울 수 있었다. 북한은 언제나 나를 사로잡는 주제이며, 언제든지 내 채널에 북한에 대한 콘텐츠를 올릴 수 있는 공간을 남겨두고 싶다.

4년이 지난 지금, 많은 것들이 바뀌었다. 나의 채널은 북한과 한국 전쟁 참전 용사들에 대한 많은 영상을 올렸고 최근에는 한국, 특히 내가 살고 있는 서울을 탐험하는 것으로 좁혀졌다. 서울은 400개 이상의 '동'이라는 구역으로 나뉘어져 있으며, 각각의 특징과 역사를 가지고 있다. 나는 그들의 성격과 정체성을 발견하기 위해 동네를 하나씩 탐험하고 있다. 물론 나의 주관적인 시각을 통해서다. 천천히, 그러나 확실하게 나는 나만의 경험과 인상으로 서울의 지도를 채워 나간다. 사회 문화적인 차원에서 도시를 알아가고, K-pop, K-drama, K-food와 같은 자주 논의되는 주제 이상의 것들을 보려고 노력한다. 이는 내가 불타는 열정을 아낌없이 쏟을 수 있으면서도 외부에 한국을 소개할 수 있는 주제이기도 하다.

이 주제를 깊게 들어가다 보면 북한에 대한 이야기가 심심치 않게 나오는 것은 또 하나의 보너스겠다. 누가 알겠는가. 언젠가 이 동네 프로젝트를 평양에서 하게 될 수도….

이제 내 채널은 17만 명의 팔로워를 갖게 되었고 나는 나의 콘텐츠가 적절한 틈새를 공략하고 있다고 느낀다. 북한 여행은 나의 성장에 있어 중요한 경험이었지만, 이를 통해 내가 진정으로 관심이 있는 것이 무엇인지 깨닫게 해 주었다. 바로 한반도를 사회 지리적 관점을 통해 연구하는 것이다. 미래에는 남북한 사람들이 위험한 상황이나 부정적인 결과에 대한 두려움

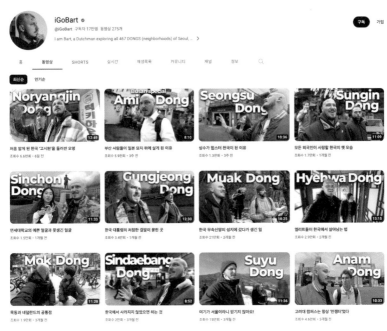

Welcome to my dong

없이 서로의 나라를 방문할 수 있는 날이 오길 바란다.

몇 년 동안 북한에서의 경험에 대한 질문을 자주 받았고, 어떤 사람들은 심지어 책을 쓰라고 권유하기도 했다. 책을 쓰는 것은 나의 버킷 리스트 중 하나였기 때문에, 나는 나의 인생에서 가장 인상 깊었고 가장 강력한 영향을 준 이 경험을 글로 써내려 가기로 결심했다. 그렇게 나는 첫 문단을 시작했는데 아마 내가 한 가장 어려운 도전 중 하나였을 것이다. 그 도전의 결과물인 이 책이 즐겁게 읽혔기를 바란다.

책 쓰기는 몹시 어려운 도전이기 때문에, 많은 사람들이 끝내 책을 완성하지 못하는 것은 당연한 일인 듯합니다. 제가 이 책을 출판했다는 사실 또한 그 자체로 제 인생에 있어 커다란 성과이지만, 많은 분들의 도움이 없었다면 절대 가능하지 않았을 것입니다.

저는 저의 가장 친한 친구이자 아내이며 나의 사랑인 김휘아에게 먼저 감사하다고 말하고 싶습니다. 그녀의 무조건적인 지지와 신뢰가 없었다면, 이 책은 결코 세상에 나올 수 없었을 것입니다. 그녀의 격려 덕분에 저는 북한으로 여행을 갈 용기를 얻었고, 이 책의 마지막 글자를 쓸 수 있었습니다. 제 유튜브 여정의 수많은 기복에도 불구하고, 그녀는 항상 옆에서 제가 전업 유튜버가 될 수 있다고 믿어주었습니다.

이 잊지 못할 여행을 저와 함께해 주신 아버지 람버트에게도 특별한 감사를 드리고 싶습니다. 그는 영감을 주는 것을 넘어 제가 이 책을 더 전문적으로 쓸 수 있도록 도와주셨습니다. 제 모국어 네덜란드어는 한순간도 제 강점이 된 적이 없었으나, 람버트는 그의 뛰어난 언어적 지식으로 이 책에 대한 많은 조언을 주셨습니다. 이 모든 것을 떠나, 그는 항상 최고의 아버지입니다. 물론, 이는 제가 사랑하는 어머니에게도 해당됩니다.

한국에 있는 예비 작가와 저 같은 외국인에게 책을 쓰고 출판할 기회를 준 이 배짱 넘치는 출판사에도 이루 말할 수 없는 감사를 드리고 싶습니다. 비록 집필 과정에서 편집자가 바뀌었지만, 이 과정을 아주 전문적으로, 그리고 복잡함 없이 처리해 주었습니다. 이 책을 위해 애써 주신 모든 분들에게 깊은 감사와 존경을 표하고 싶습니다.

글을 쓰는 과정에서 롯데, 에릭, 맥스, 미치가 저를 도와주고 응원해 주었습니다. 또한 북한에 대한 저의 '바보 같은' 질문에 가감 없이 답해 주고, 저와 가까운 친구가 되어주고, 제가 여행하는 동안 저를 도와주었던 모든 북한 친구들에게 감사합니다.

한국어 선생님인 진 선생님은 제가 출판사를 찾는 것을 도와주었습니다. 그녀와 함께, 저는 한국어로 이메일을 썼고, 그 덕분에 제가 현재 출판사를 만날 수 있었습니다. 이 결정적인 순간은 제가 이 책이 시장에 나올 수 있도록 큰 발돋움을 마련해 주었습니다. 이에 진 선생님께 큰 감사를 표합니다.

마지막으로, 작가 마이클 창에게 감사드립니다. 마이클과는 그가 대머리에 관한 책에 저를 섭외하면서 알게 되었습니다. 마이클은 제가 단지 취미로 시작한 이 여행에 대한 글쓰기를 책 쓰기로 진지하게 받아들이도록 격려했고 제가 이 책을 완성하도록 동기를 부여해 주었습니다. 작가이자 멘토로서의 그의 경험을 통해 저는 많은 것을 배울 수 있었습니다. 고마워, 마이클.

마지막으로, 항상 저를 믿어 주신 모든 분들께 감사드립니다. 여러분의 응원과 사랑 덕분에 제가 힘든 시간을 이겨낼 수 있었고 여정을 계속해 나갈 수 있었습니다. 사랑해요!

직항은 없다

인천에서 평양으로 떠난
네덜란드인 부자의 북한 여행

초판인쇄 2023년 08월 25일
초판발행 2023년 08월 25일

지은이 바트 반 그늑튼
옮긴이 김휘아
발행인 채종준

출판총괄 박능원
책임편집 유   나
디자인 홍은표
마케팅 문선영 · 전예리
전자책 정담자리
국제업무 채보라

브랜드 크루
주소 경기도 파주시 회동길 230 (문발동)
투고문의 ksibook13@kstudy.com

발행처 한국학술정보(주)
출판신고 2003년 9월 25일 제406-2003-000012호
인쇄 북토리

ISBN 979 - 11 - 6983 - 583 - 1   03980

크루는 한국학술정보(주)의 자기계발, 취미 등 실용도서 출판 브랜드입니다.
크고 넓은 세상의 이로운 정보를 모아 독자와 나눈다는 의미를 담았습니다.
오늘보다 내일 한 발짝 더 나아갈 수 있도록, 삶의 원동력이 되는 책을 만들고자 합니다.